日本轻松学技术丛书

机械设计知识全知道

機械設計の知識がやさしくわかる本

[日] 西村仁◎著　吴海帆◎译

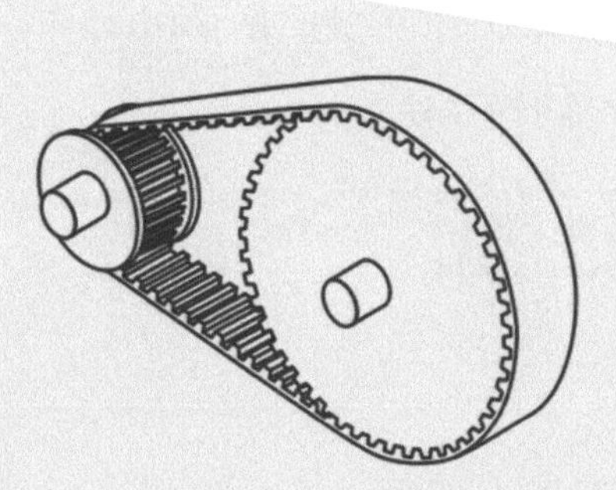

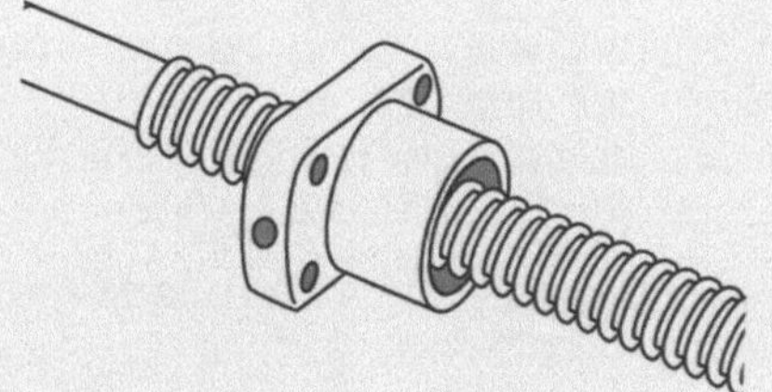

机械工业出版社
CHINA MACHINE PRESS

本书以简单易懂、平实的语言，较小的篇幅，丰富的插图，讲述了涵盖机械设计人员需要了解的全方位知识，包括机械设计的目标、机械的构成、传动机构、连接件、机械零件、驱动元件、材料的性能、机械加工的要点、降低成本的设计要诀、传感器和顺序控制等内容。

本书从日本引进出版，一本小书容量大，包括了机械设计师必备的各方面知识，对于机械设计师入门学习帮助很大。

图书在版编目（CIP）数据

机械设计知识全知道/（日）西村仁著；吴海帆译．—北京：机械工业出版社，2023.3（2024.5 重印）
（日本轻松学技术丛书）
ISBN 978-7-111-72722-4

Ⅰ.①机…　Ⅱ.①西…　②吴…　Ⅲ.①机械设计-普及读物　Ⅳ.①TH122-49

中国国家版本馆 CIP 数据核字（2023）第 036872 号

机械工业出版社（北京市百万庄大街 22 号　邮政编码 100037）
策划编辑：李万宇　　责任编辑：李万宇　雷云辉
责任校对：李小宝　贾立萍　　封面设计：马精明
责任印制：郜　敏
北京富资园科技发展有限公司印刷
2024 年 5 月第 1 版第 3 次印刷
148mm×210mm · 6.75 印张 · 173 千字
标准书号：ISBN 978-7-111-72722-4
定价：58.00 元

电话服务
客服电话：010-88361066
010-88379833
010-68326294

网络服务
机　工　官　网：www.cmpbook.com
机　工　官　博：weibo.com/cmp1952
金　　书　　网：www.golden-book.com
机工教育服务网：www.cmpedu.com

前　言

1. 必要的设计知识和选购知识

机械设计所需要的知识和以前有很大的不同。以前，需要有机械元件的设计知识，如弹簧、齿轮、轴承、离合器、制动器等。因为当时只有少数商业化的产品，所以必须自己设计。即使是现在，在机械工程类的教材中也有很多公式对这部分内容进行解释，但是现在这些设计知识已经不再是必要的了。

可以在很多机器上通用的机械元件，现在作为标准产品可以从不同的制造商那里获得，比自己从一开始设计要便宜得多，而且交货期也短得多。也就是说，针对这些机械元件所需要的不是设计知识，而是选购知识。

2. 本书特色

本书将在上述基础上，对机械设计所需的基础知识进行介绍。另外，关于作用在机械上的力的基础知识涉及高中物理的力学知识，所以省略了详细的解释。

1）以初次从事机械设计的人为对象，重点说明应该知道的基础知识。

2）介绍了市面上多功能化产品的选购方法。

3）通过掌握材料的性能和加工方法，阐述了降低成本的设计要诀。

4）介绍了提高机械设计效率的标准化示例。

3. 本书面向的读者

本书主要面向从事机械设计的新员工、年轻的技术人员和设计助理，也可供有经验的设计人员将其作为年轻员工的培训教材来使用。

本书含有丰富的图表和示例，还可作为工科院校学生教辅。

4. 各章阅读指南

第 1 章介绍了制造机械的目的和从计划到量产的整体流程。第 2 章介绍了改变运动形式的连杆机构、凸轮机构和其他传动机构，包括齿轮、带、链和滚珠丝杠。第 3 章介绍了螺钉等连接件。

第 4 章介绍了轴承、弹簧、O 形密封圈等市售标准件的选购方法。第 5 章介绍了作为驱动源的电动机和气缸的使用方法。第 6 章和第 7 章分别对材料和机械加工的基础知识进行了说明。

第 8 章通过具体例子介绍了降低成本的设计要诀。第 9 章介绍了传感器的特征和用于自动运转的顺序控制的基础知识。在最后的第 10 章中，对机械产品质量的数值化方法和标准化设计进行了说明。标准化是高效设计的有效手段，我会介绍具体的示例，请一定以此为基础来推进自身的标准化。

本书可以从任何一章开始阅读，但如果你是初次接触机械设计的人，请从第 1 章顺序阅读，即使感觉有困难也不要停下来，继续快速浏览到最后。首先把握整体情况的阅读方法是有效的。

5. 机械设计的乐趣

机械设计没有正确答案。例如，将 A 地点的零件移动到 B 地点这样简单的设计，如果由 10 位不同的熟练设计人员设计，那么 10 个人的设计都将是不同的。设计过程涉及许多决定，例如驱动源选择气缸还是电动机，选择哪个厂家的哪个规格，是用机械卡盘还是真空吸盘抓取，以及每种零件选择什么材料、尺寸、公差、表面粗糙度、表面处理等，所以这 10 个人的设计不可能完全一样。

所以，完成后的成品是否为满分 100 分只有神知道。正因为如此，机械设计才如此有趣。这不是只有一个答案的世界，而是一个让你可以充分发挥个性的世界。

6. 机械设计需要创造性吗？

机械设计除了工学知识之外，还需要创造性。创造性是指创造出新的，似乎不拘泥于现有想法自由发挥，就可以产生谁都想不到的奇思妙想，但是实际上，创造性是已有知识和信息的组合。

所谓组合，就是把已经存在的东西加一加、减一减，所以没有必要认为自己不擅长创新。要想获得创意，首先要了解作为创意源头的知识和信息。没有知识是不会有创意的。

通过书籍学习、参观展览会、对前辈开发的机器进行深入观察来积累知识，这是提高创造性的最好方法。请大家充分发挥自己的好奇心。

7. 本书的单位制

本书使用国际单位制（SI），力的单位用牛顿（N）来表示。当然，为了接近实际感觉、方便理解，也同时使用了非法定计量单位 kgf。

N 和 kgf 之间的关系如下：

- $1kgf=9.80665N$ （四舍五入后近似为 $1kgf\approx9.8N$）。
- $1N=0.10197kgf$。

有时，取 $1kgf\approx10N$、$1N\approx0.1kgf$，因误差小于 2%，所以不会造成大问题。

此外，压强的国际单位制（SI）用帕斯卡（Pa）表示，$1N/m^2=1Pa$。

Pa 和 kgf/m^2 的关系如下：

- $1kgf/m^2=9.8Pa$，即 $1kgf/mm^2=9.8MPa$。
- 同样可以简化为 $1kgf/mm^2\approx10MPa$、$1MPa\approx0.1kgf/mm^2$。

著　者

目　录

第3章　连接件

第4章 机械零件

第5章 驱动元件

第6章 材料的性能

第7章 机械加工的要点

第10章　产品质量和标准化

第1章 机械设计的目标

1.1 为何要制造机械

1 机械产品和制造机械的机械

算不上正式的定义，机械可以通俗地解释为“利用动力，重复产生特定的运动，以使目标对象发生改变的工具”。我们身边随处可见各种机械产品，除了汽车、复印机和洗衣机等常见的以外，还有诸如推土机之类的建筑机械，以及拖拉机之类的农用机械等。

机械产品，同样也要通过机械才能制造出来。例如，机械零件就是通过对金属原材料进行切削、开孔以及冲压等加工出来的。完成这些加工，需要使用车床、铣床、冲压机等被称为机床的机械。从“制造机械的机械”意义上来讲，机床也被称为“工作母机”。此外，还有装配机械、检测机械、包装机械等辅助机械。

由此可见，可以把机械分为两大类：机械产品和制造机械的机械，后者也叫作加工设备。本书将只着眼于讲述加工设备的相关知识。

2 制造机械所追求的目标

开发加工设备所追求的目标，用一句话概括就是，“为了高效地制造出所需要数量的产品”。这一目标可以分开来看。

(1) 为了大批量生产

避免因人工加工速度慢而导致的交货期延误，并减少工人用工数量。

(2) 降低对工人技能的要求

缩短工人学习技能的时间，降低传授技能的难度。

(3) 保证产品质量

减少人工加工时出现的质量不稳定现象，并可完成单凭人工难以完成的高精度加工。

(4) 降低成本和缩短生产时间

能同时实现降低成本和缩短生产时间的要求。

3 何谓理想的机械

无论机械产品也好，加工设备也罢，理想机械的样子都是相同的，应该满足如下条件。

(1) 制造条件：能廉价快速地制造出来

1）零件数量少。

2）普通机床就能加工。

3）装配容易。

4）能快速容易地进行调整。

(2) 使用条件：容易使用

1）速度合适，动作正确。

2）不停机，动作可靠。

3）质量稳定，不出次品。

4）易于操作。

5）大小合适。

6）安全。

7）无烦人的噪声、振动和异味。

8）外观设计美观。

9）产品节能。

10）能长期无故障运行。

11）有故障时能很快修理好。

12）需要点检的地方少，操作也简单。

1.2 机械的构成

1 从功能的视角看机械

让我们从几个不同的视角来分析一下机械的构成。首先，从输入和输出功能的视角来看（见图1-1）。输入的是电能或压缩空气能，还有原材料和输入指令，由电动机或气缸等动力源产生运动，通过传动机构进行转换和传递，最终以转换后的运动形式加以输出。

例如，对汽车来说，输入的是汽油，由内燃机产生活塞的往复直线运动，并将其转换成旋转运动后传递到车轮上，最终输出了汽车的行驶功能。

从功能上看，机械由以下部分构成：

1）动力源：产生动力的驱动源。

2）传动部分：进行动力的转换或传递。

3）控制部分：自动发出正确的动作指令。

4）保持部分：使各部分保持在正确的位置上。

此外，夹具和测量器具因为没有动力源部分，不满足上述构成，只能称之为器具而不是机械。

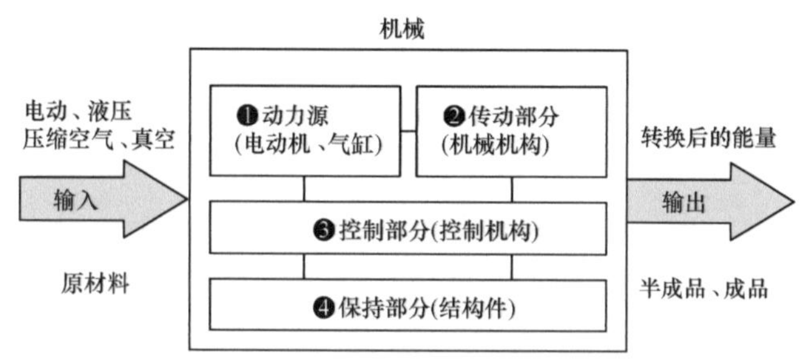

图1-1 从功能的视角看机械

2 从装配的视角看机械

其次，从零部件装配的视角来看，零件可以分为两大类（见图 1-2）。一类是机械专用零件，对于这种专用的零件，只有去市场购买钢材或铝材，并按照图纸进行加工才能获得。

另一类是机械通用零部件，这种通用件在许多机械上广泛通用，一般在市场上就能够买到。其中有单件零件，如螺钉、弹簧、轴承、O 形密封圈等，还有通用功能部件，如电动机、气缸、传感器等。机械就是由上述机械专用零件和机械通用零部件经组装而制成的。

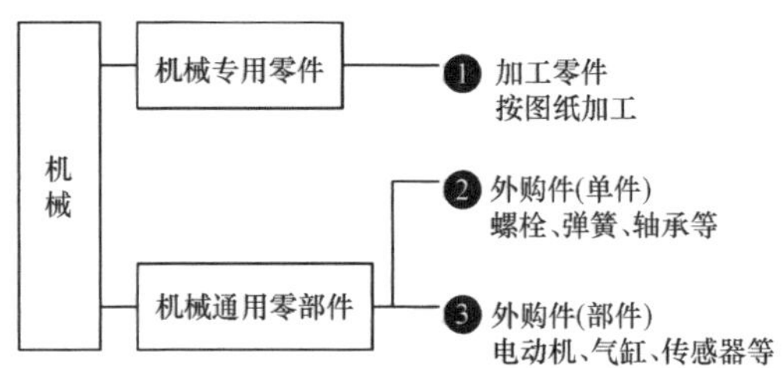

图 1-2 从装配的视角看机械

3 使用通用零部件的好处

从市场上购买的零部件叫作外购件，很多 JIS 标准（日本工业标准）中规定的标准件都能够外购买到。使用外购件的优点是品质好、价格便宜、交货期短、容易更换。比起自己设计专用零件，外购件的优点更多，效果更好。

4 从传动机构和控制系统的视角看机械

最后，让我们从传动机构和控制系统的视角来看（见图 1-3）。传动机构是将气缸的往复直线运动或电动机的旋转运动，转换成所需运动的装置，如连杆机构或凸轮机构。在改变旋转运动的速度、转矩和方向时，要使用到齿轮、带、链、滚珠丝杠等传动机构。例如，变速自行车的变速器就是一种可改变速度和转矩的传动机构。

控制系统可以自动正确地控制机械运动。将机械动作的次序和条件进行编程，自动按顺序执行的控制称为顺序控制。不仅发出指令，还要确认是否按照实际指令进行了动作，如果有偏差的话，还要进行修正的控制是反馈控制。全自动洗衣机在按下开始按钮后，就会自动检测洗涤物的量，提供必要的水量，在最适合的条件下进行清洗、脱水和干燥，这些全靠它的控制系统。

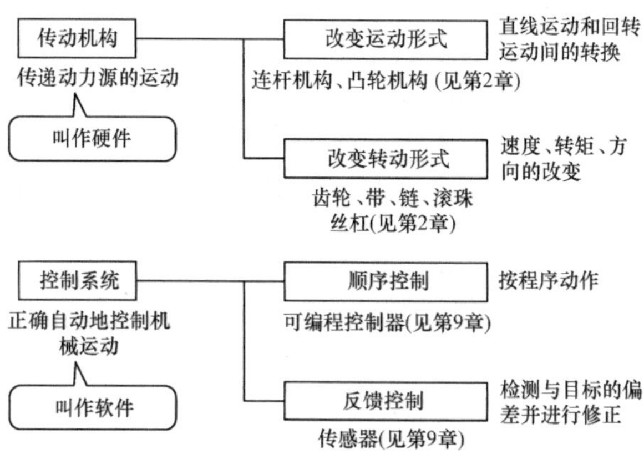

图 1-3　从传动机构和控制系统的视角看机械

1.3 自动化的等级

1 自动化的 4 个等级

自动化可以分为手工加工、使用夹具加工、半自动化和全自动化 4 个等级。

(1) 手工加工

只有原材料和工具，全凭手工加工完成。对于熟练程度不同的操作者，产品质量和加工时间会呈现很大差异。

(2) 使用夹具加工

生产中的许多操作，都需要将工件定位和夹紧。夹具是可以极大简化定位和夹紧操作的器具。使用夹具可以降低加工质量波动、缩短工作时间、提高效率。

(3) 半自动化

一台机床由一名操作者进行的手动操作+自动化加工称为半自动化。装卸工件等用手动操作，产生附加价值的加工自动进行。

虽然手动操作看起来似乎不尽合理，但是在装卸工件时会伴随有目视检查，形成实际上的接货检查和出货检查，加工品质会得到提高。

这种半自动化机械结构简单，短时间内就能开发出来，不仅价格便宜，而且生产准备时间短，在适应多品种加工上具有优越性。

(4) 全自动化

操作者将工件放置好后按下开始按钮，其后的加工自动连续运行，最终工件自动卸下的加工称为全自动化。操作者可以同时照看多台机床，也可以同时进行其他多项工作。

2 削铅笔所包含的自动化等级

下面以削铅笔为例，来说明自动化的等级。用小刀削铅笔属于手工加工。由于每次手拿刀削铅笔时，刀接触铅笔的位置不固定，削出的铅笔也就不尽相同。另外生手和熟手之间，削铅笔所花费的时间也差别很大。

另外，如果使用手转动削铅笔器，因为铅笔和切削刃的位置始终保持固定，无论何时，削出来的铅笔都是一样的。无论谁来加工，加工时间也都是一样的，这属于使用夹具加工。

接下来是刀刃可自动回转的电动铅笔刀。只需要将铅笔插入铅笔刀，就可以削铅笔。手动（装入和取出）+自动（切削加工），属于半自动化。最后是全自动化，是铅笔生产工厂才使用的机械。只需要将原材料准备好送入装置，其后就会自动削铅笔并自动取出。

3 自动化未必总是最好的

前面介绍了各种等级的自动化，但并不是说自动化越先进就越好。自动化等级越高，研发时间就越长，投资额也就越大，当生产数量偏少时，投资可能难以收回。另外，当加工对象发生变更时，自动线的改造也会更加费钱、费时。

与此相对，采用投资额小的夹具和半自动化机械，会更适合那些多品种少量生产以及产品设计需要频繁变更的情况。即使对制造效率要求最高的汽车制造行业，也只有在焊接和涂装等工序实现了全自动化，其他的工序仍然需要采用夹具和半自动化机械来生产。机械的导入终归只是一种高效加工的手段，具体选择何种自动化等级需要具体分析和研判。

1.4 机械大批量生产前的准备流程

1 准备流程的 3 个阶段

下面介绍从机械设计的计划到量产的全部流程，大致可分为以下 3 个阶段（见图 1-4）：

1）阶段 1：明确要制造什么样的机械（思考）。

2）阶段 2：按计划制造（制造）。

3）阶段 3：将制成的机械导入生产现场（导入）。

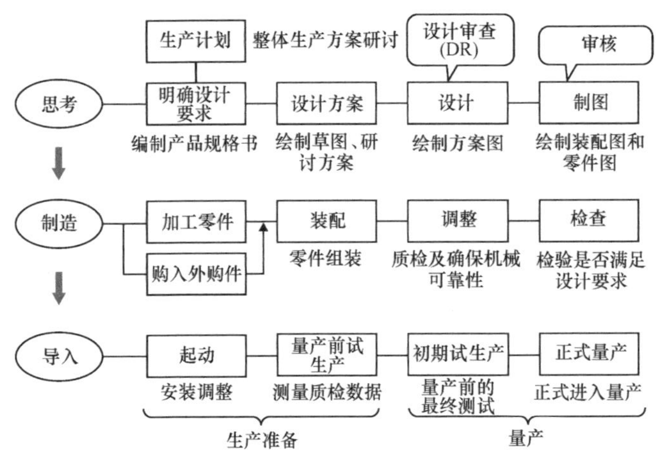

图 1-4 从计划到量产的流程

2 阶段 1：明确要制造什么样的机械（思考）

开始阶段，首先要对整体生产方案进行研讨，分析机械生产都是由哪些工序组成的。例如，以汽车为例，图 1-5 显示了汽车的整个生产流程。

其次，通过试算生产能力及成本，制订自动化等级、人员配

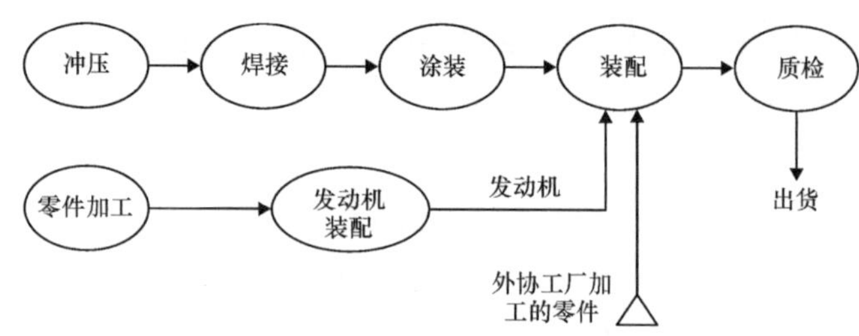

图 1-5　汽车的整个生产流程

备、生产线布置的方案。其中，确定适当的自动化等级是影响投资总额非常重要的因素。自动化等级提高，设备折旧费用会上升，而劳务费会因工人减少而降低，以此计算出目标投资额。这些也称为生产计划（见图 1-6）。

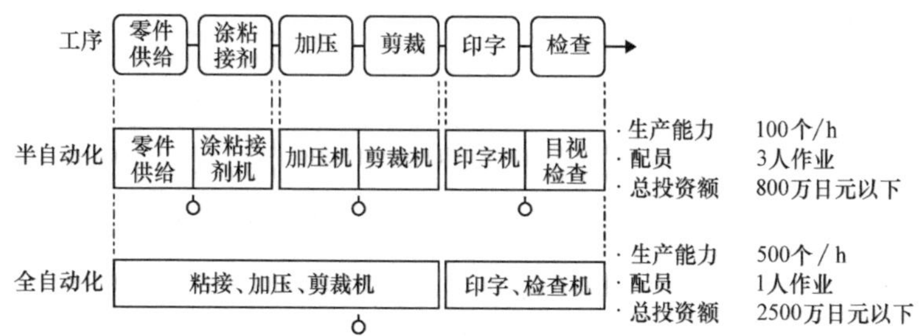

图 1-6　生产计划的例子

制订了生产计划之后，接着就需要研讨确定设计参数，也叫定参数。按照确定的自动化等级，详细分析确定各个机械的设计参数。

根据设计参数来提出机构、结构和动力源方案，称为方案构思阶段。在此阶段，机械大致的样子就形成了。方案构思确定下来后，将进行方案图的绘制。方案图如同给文章打草稿，在此基础上，再绘制机械制造用的零件图和装配图以及零件明细表。

详细设计流程将在下一节中介绍。

3 阶段2：按计划制造（制造）

阶段2是按照机械图纸将机械加工出来，其中有自己加工的零件，也有需要购买的外购件。

将所有的零件准备好，就可以进行装配了。机械不是以从下至上的顺序装配的，而是以单元或部件等功能单位进行装配的，称为部件装配。

部件装配完成之后，依次将其安装固定在机架上，并进行配线和配管工作，称为总装。

总装完成之后，把包含动作顺序的控制程序输入控制器中，试运行验证机械是否能实现预期的动作。如果发现问题，就修改程序。这种修改也称为软件调试，同时还要进行机械结构的调整。

调整结束后，检查是否实现了最初的设计参数。检查项目将在第10章“生产良品的能力”和“稳定运行的能力”相关内容中进行介绍。

4 阶段3：将制成的机械导入生产现场（导入）

已经制成的机械开始进行量产前，需要经过“起动→量产前试生产→初期试生产→正式量产”4个阶段。

将机械搬运到生产现场，安装在规定位置，把电源或压缩空气连接到机械上进行试运转，确认没有问题，这些工作叫作起动。

起动后的下一步是量产前试生产，简称量试。这是指在正式量产之前，在相同的生产条件下试运行，通过全数检查来确认制造品质，根据这个结果来判断是否可以转移到批量生产。这个判断标准没有一个统一的规定，而是根据机械和产品来设定。量产前试生产过程制造的产品不作为商品贩卖。

量产前的试生产合格后，将进入批量生产。首先是初期试生产，在此阶段详细确认制造质量和机械的运转状况。虽然在量产前试生产阶段也进行过相关评价，但是在量产时需处理的产量会猛增，会发现试生产阶段未能暴露出来的新问题。此时，在产品质量和机械运转都稳定之前，有大量人员投入的管理体制被称为初期试生产管理。这个初期试生产完成后就能转入正式量产。

1.5 机械设计的流程

1 机械设计的步骤

从机械设计阶段1的设计参数确定到最终完成设计，更详细的描述如下。

（1）参数确定

这是考虑打算制造什么样的机械的起始阶段。是制作全新概念的机械？还是在已有的机械基础上进行改进？确定设计方针后，将生产能力、产品尺寸、操作性、投资额等，以具体参数的形式确定下来。

这些参数汇总起来就形成了产品规格书。在此阶段，开发时间、开发人员、开发预算也要同时确定下来。

（2）构思设计

这是根据制订的产品规格书，进行产品形状的设计和研讨。与二维平面上的参数确定不同，构思设计是在三维立体上进行的。使用何种驱动源？选择何种机构？设计时需要一边画草图，一边进行汇总。

在此阶段，每个具体零件的细节还比较粗略，尺寸的研讨也只限于整个机械的长、宽度、高等总体尺寸。

（3）设计（绘制方案图）

这是将构思设计进一步具体化的工作，设计者需要利用所有机械设计的知识和经验完成制图工作。需要一边确定每个零件的形状、材质、尺寸、公差、表面粗糙度，一边考虑加工工艺、装配工艺、维护方法等。

此阶段的设计图称为方案图，需要一边反复修改一边提高完成度。对于一个设计者来说，此阶段的工作是最具价值感的。

毫不夸张地说，机械的质量和成本都是由此方案图决定的。

因为方案设计确定后，制造部门和采购部门即使想削减成本，也有限制，很难进行大的变更了。

（4）制图（绘制零件图和装配图）

这是在方案图的基础上，绘制加工用的零件图和装配图。另外，将自制零件和外购件清单填写到标题栏中，也是制图工作的内容之一。这部分制图工作要求准确度和速度。

如上所述，（3）的设计和（4）的制图是完全不同的工作。设计是产生新事物的“思考工作”，制图是将思考的内容描绘在加工用图纸上的“制图工作”。因此，在制图阶段做出形状设计的变更，不仅会浪费很多时间，还会在与之关联的图纸中引起一系列的错误。正因为如此，提高原来方案图的完成度才是最重要的。

2　提高创意或设计质量的设计审查

提高上述构思和方案图的完成度的机制叫作设计审查（Design Review，DR）（见图 1-4）。DR 由设计负责人担任审核人，确认人是制造部门的加工、组装、调整、检查、安全、卫生和经营部门等的相关人员。

确认人站在自己专业领域的立场上，从制造难易、质量确保和安全方面的角度，以及顾客的角度来提供建议。DR 的实施时间，选在构思完成时和方案图绘制完成时较为适宜。如果在零件图和装配图绘制完成后再实施 DR，设计变更的损失会太大，效果不好。

3　提高制图质量的审核

检查绘制完成的零件图和装配图叫作审核，这种检查由绘图者自己和第三方进行（见图 1-4）。自己检查叫作自我审核，根据 JIS 制图规范确认尺寸和公差是否有错误。第三方审核，是由前辈和主管等拥有较高设计技能的人员来担当。

初级设计人员的设计图，在第三方的审核中常常会受到很多指正，这些指正是提高设计技能的绝好机会。随着经验的积累，在审核中受到的指正将会越来越少，最终成长为可对后辈设计人员的图纸进行审核的前辈。

4 关于专利申请

在构思和设计过程中，如果在机械构想和加工方法方面有了新的发明，可以申请专利以获得独自享有利用的权利。专利权自提出申请后 20 年内有效。把专利制成产品，是非常有效的保护手段。作为一种专利战略，要在申请时尽可能广泛地加入解释，以防止其他公司的介入。另外，对有效期内的专利，还可以选择收取专利许可费，然后允许其他公司使用专利。

另一方面，当专利的对象是加工设备时，除了对外销售都是在公司内部使用，不会被第三方看到。如果申请机构专利的话，因需要提供详细的说明图表，机密事项反而会向第三方公开。因此，对于公司内部使用的机器，常避免去申请专利。取而代之的是，有些企业设立独特的公司内部专利制度，来给发明人发奖金以示奖励，这也是专利战略的一环。

5 投资预算应该是多少

机械的投资预算应该是多少钱呢？例如，为了降低成本，把人工作业的工序改造成完全自动化的工序。假如这台机械需要 1 亿日元的话，直觉上会感觉很贵吧。可通过计算来判断，即进行投资经济计算。

这个计算公式有点复杂，简单地介绍一下。假设一名工作人员一年的劳务费为 400 万日元，如果换算成 3 年的话共计 1200 万日元。

此外，虽说是全自动化机械，但还是需要人工来投入原材料和搬出产品。如果这项工作需要 1/5 的人工作业，即 0. 2 人的话，3 年的劳务费是 400 万日元×0. 2×3，共 240 万日元。如果将 1200

万日元与 240 万日元的差额 960 万日元作为投资额的话，3 年内就可以从节省的劳务费中收回该投资。

这 3 年是回收投资额的时间，叫作折旧期。不同机械的折旧期有所不同，但是税法上一般是 10 年。但是，因全球化导致市场变化加速，产品寿命缩短，所以在投资经济计算中，若符合自己公司实际 3 年或 5 年都是可自行设定的折旧期。

此外，如果使用机器可以减少人工加工废品率的话，可以估算降低成本的效果，再相应增加投资额。

第2章

传动机构

2.1 连杆机构

1 直线运动和回转运动是基本的运动

基本的运动是往复直线运动和回转运动（见图 2-1）。除了这两种运动外，还有螺旋运动，它可以看作是直线运动和回转运动的复合运动。下面介绍可传递运动和改变运动形式的连杆机构和凸轮机构。

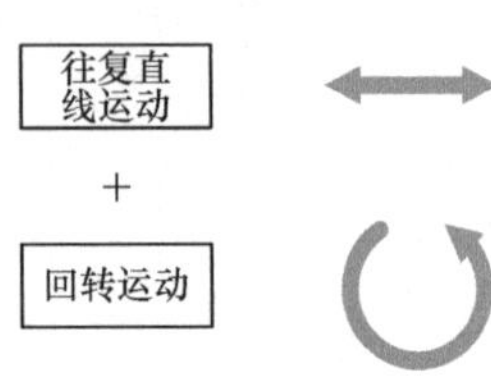

图 2-1 基本的运动

2 什么是连杆机构

建筑机械中的挖掘机有着复杂的动作。可将液压缸的往返直线运动转换为臂的旋转运动，或是将其转换成捞起泥沙的铲斗的回转运动。传递力的零件叫作连杆，组合起来的连杆就是连杆机构。

连杆的端部是可以回转的结构，由 3 个连杆组成的机构是固定的，不能运动，当连杆数量在 4 个以上时就可以运动。

连杆数量为 4 个时，只可实现 1 种动作，适用于重复相同动作的情况。连杆数量超过 5 个时可以实现多种动作，但控制也会相应变复杂（见图 2-2）。

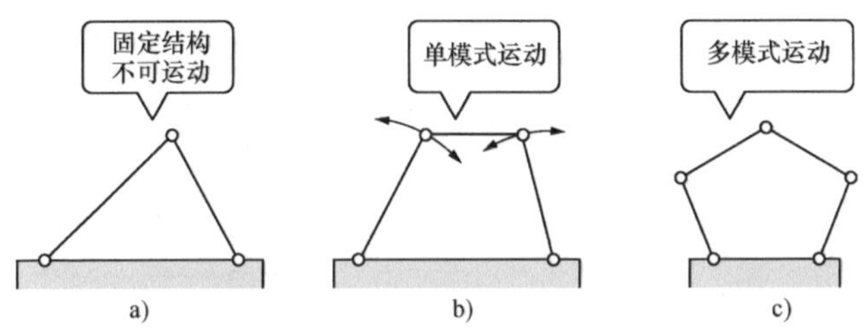

图 2-2 不同数量连杆组成的机构

a）3 连杆 b）4 连杆 c）5 连杆

连杆机构主要有 5 种（见图 2-3）。各机构中将摆动的连杆称为“摇杆”，将旋转的连杆称为“曲柄”。摆动的“摇杆”不会进行 360°的旋转，而是在某个角度范围内进行往复圆周运动。

种类	机构	运动
曲柄摇杆机构		摆动 ⟺ 回转
双摇杆机构		摆动 ⟺ 摆动
双曲柄机构		回转 ⟺ 回转
曲柄滑块机构		直线运动 ⟺ 回转
菱形伸缩机构		直线运动的方向转换

图 2-3　连杆机构的种类

3　摆动和回转的曲柄摇杆机构

曲柄摇杆机构是实现摇杆摆动与曲柄回转的机构（见图 2-4），既可驱动摇杆使曲柄回转，也可以通过曲柄回转驱动摇杆摆动。该类机构的运动条件是“与最短连杆相邻的连杆需要固定”。

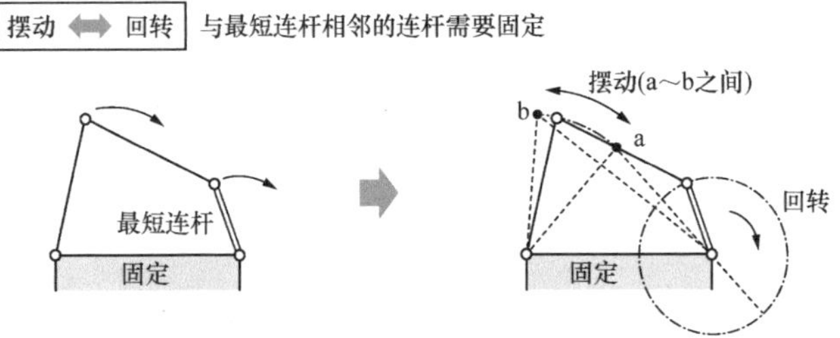

图 2-4　曲柄摇杆机构

驱动摇杆使曲柄回转的例子是自行车。通过腿的摆动使脚踏板回转起来（见图 2-5）。与之相反的例子是电风扇的摇头机构，曲柄回转驱动摇杆摆动，将电动机的回转运动转换成电风扇的摆动摇头运动。

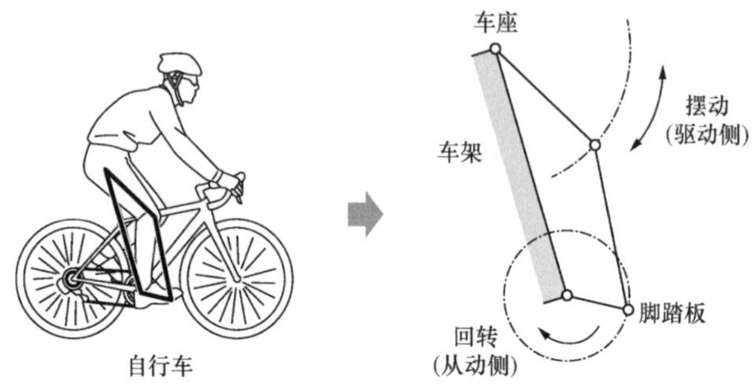

图 2-5　曲柄摇杆机构应用例子

4　双摇杆机构和双曲柄机构

双摇杆机构是两根连杆均为摇杆的机构。该类机构的运动条件是“最短连杆对面的连杆需要固定”（见图 2-6）。当最短连杆与其对面的连杆长度一致时，会呈现平行摆动，汽车前风窗玻璃的刮水器就应用了这种机构。其特点是，在最短连杆上安装橡胶刮水器，能一直保持刮水器竖直地左右往复运动。

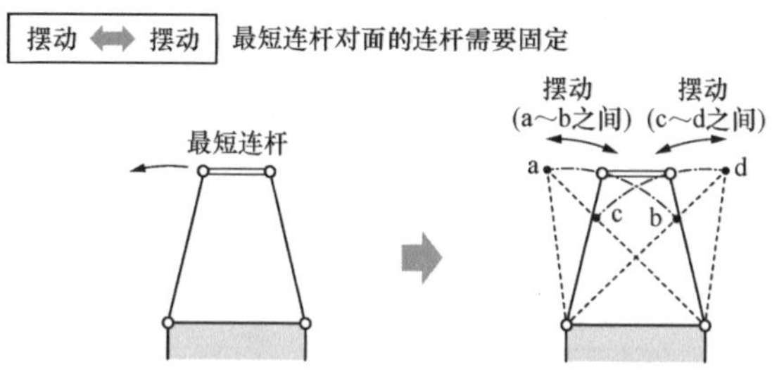

图 2-6　双摇杆机构

双曲柄机构是两根连杆均为可旋转曲柄的机构。该类机构的运动条件是“最短连杆需要固定”（见图 2-7）。

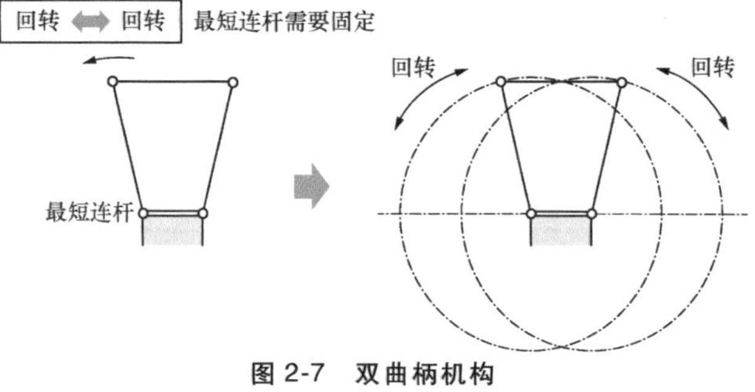

图 2-7 双曲柄机构

5 曲柄滑块机构和菱形伸缩机构

曲柄滑块机构使用两根连杆，一根连杆一端固定，另一根连杆的端部由导轨导向，可实现往复直线运动。这种机构可实现往复直线运动与回转运动的相互转换（见图 2-8）。例如，内燃机发动机是将活塞往复运动转换为回转运动；使用曲柄压力机和偏心压力机来进行冲压加工则是把回转运动转换为往复直线运动。

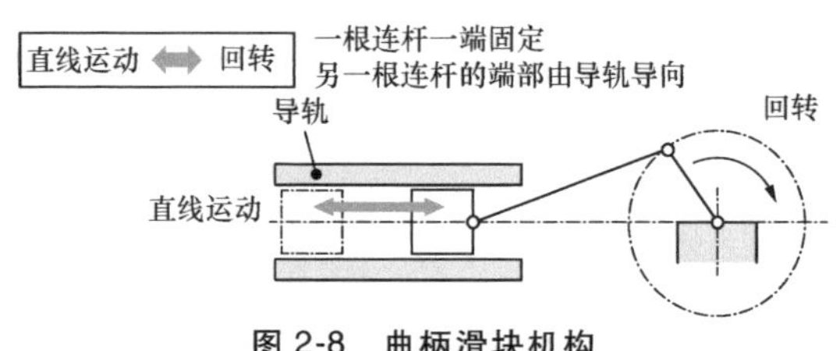

图 2-8 曲柄滑块机构

菱形伸缩机构是改变往复直线运动方向的机构。电车的受电弓和汽车更换轮胎时抬起车体用的千斤顶利用的就是这种机构（见图 2-9）。

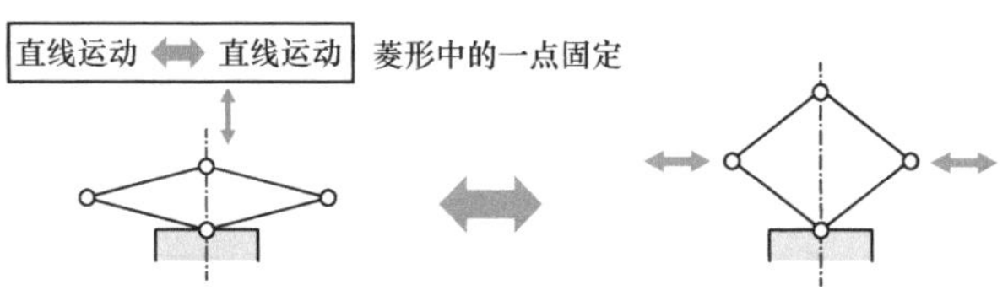

图 2-9 菱形伸缩机构

2.2 凸轮机构

1 什么是凸轮机构

轮廓呈任意形状的机构零件叫作凸轮。通过旋转凸轮，与凸轮接触的部件（如滚子从动件等）可实现往复直线运动和摆动运动（见图 2-10）。运动的周期由电动机的转速决定，位移量和加速度则由凸轮的轮廓形状决定。

因此，凸轮是按需要设计的定制品。

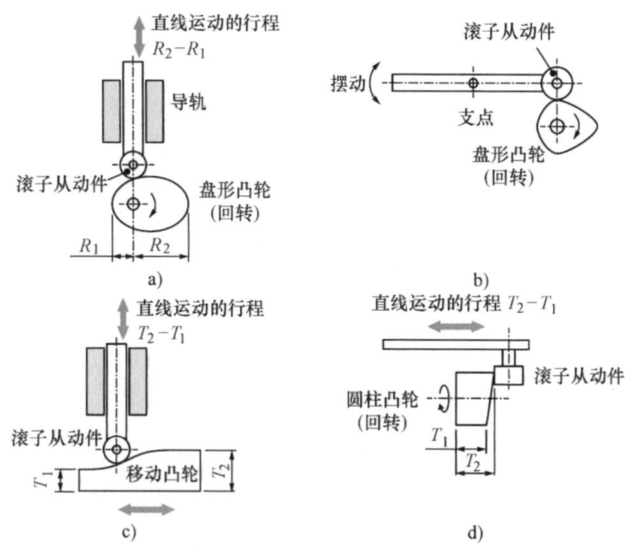

图 2-10 凸轮的种类和运动

a）盘形凸轮实现直动 b）盘形凸轮实现摆动

c）移动凸轮实现直动 d）圆柱凸轮实现直动

2 早期的机械多数采用凸轮机构

现在广泛应用的机器人，具有通过程序自由设定运动轨迹、停止位置、速度、加速度的特点。

然而，早期的机械，由于既没有高性能电动机，也没有能精确控制的计算机，那时采用凸轮机构是一种主流设计。在一根主轴上安装多个凸轮，通过驱动主轴回转可实现想要的动作。

由于是通过凸轮的轮廓来确定运动，当需要改变运动时需要更换其他凸轮，很麻烦。但由于利用凸轮机构时，运动的重复位置精度甚至优于现代的机器人，所以直到现在仍在使用。

3 凸轮的种类

按凸轮形状分类，有平面凸轮和立体凸轮（见图 2-10）。平面凸轮是在一定厚度的板材上加工出任意曲线，包括通过回转实现往复直线运动和摆动的盘形凸轮，以及通过左右移动实现往复直线运动的移动凸轮。

立体凸轮是沿板厚方向制成任意曲线，包括与端面接触的端面凸轮，以及沿凹槽移动的圆柱凸轮。

4 从动件位移线图

表示与凸轮接触的从动件运动的图形称为从动件位移线图。位移线图的横轴代表凸轮回转角度，纵轴代表位移量。

然而，这样设计的从动件位移曲线有时变位过于急促，从动件难以跟随凸轮，可能会与凸轮面脱离开来。因此，会用修正正弦曲线和修正梯形曲线来对从动件位移曲线进行圆滑处理。

5 间歇运动的槽轮机构

间歇运动机构是当驱动部分以一定速度连续回转时，从动部分回转一定角度后会停止一段时间的循环往复运动机构。例如图 2-11 所示机构，当驱动部分回转 120°时从动部分回转 45°，驱动部分回转剩下的 240°时，从动部分停止运动。这样的机构叫作槽轮机构，可以从市场上买到。从动部分的回转角度不光有 45°

的，还有 30°和 60°的可以买到。

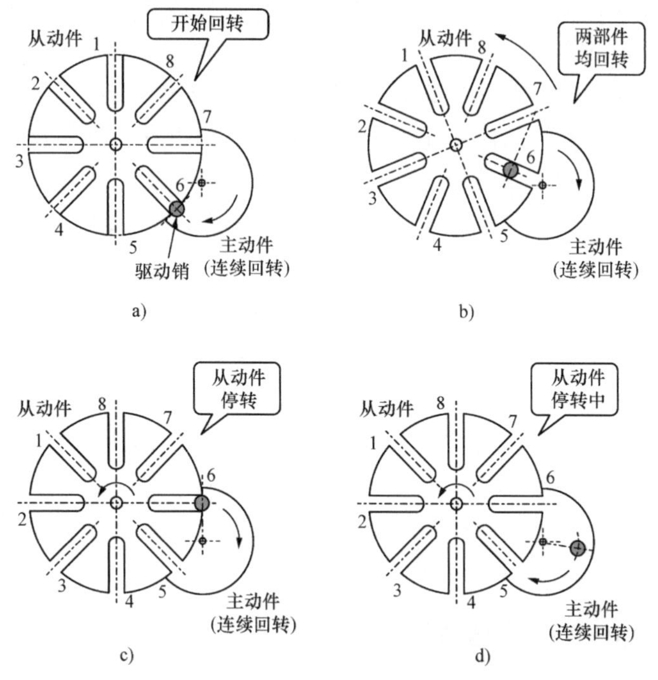

图 2-11　槽轮机构的动作

a）销嵌入槽中，从动件开始回转　b）主、从动件均回转　c）销从槽中脱出时，从动件回转结束（从动件回转了 45°）　d）销脱出槽外后，从动件保持停止

2.3 齿轮传动

1 传递回转运动

回转运动主要靠电动机驱动。回转运动传递的特点是，它不只是传递电动机的回转运动，还要改变回转速度、转矩以及回转方向（见图2-12）。

当两根轴的中心距较小时，适合使用可传递高速重载的齿轮传动。当两根轴的中心距较大时，要通过带传动或链传动传递动力。带传动因主材料为橡胶，噪声较小，不需要润滑且易于保养。链传动中的链条用的是钢铁材料，适用于重载传动。

回转运动转换为往复直线运动的传动方式有丝杠螺母和齿轮齿条。下面从齿轮开始依次介绍。

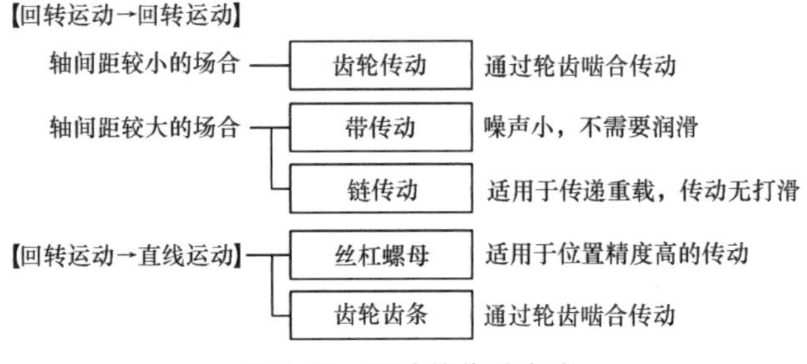

图2-12 运动的传递方式

2 齿轮的种类

齿轮有很多种，下面介绍其中有代表性的几种（见图2-13）。按传递运动方向分类，有两轴平行、两轴相交、两轴既不平行也不相交三种类型。

两轴平行分类中有直齿轮和齿条。两个直齿轮啮合可以传递回转运动，直齿轮与齿条啮合可以将回转运动转换为往复直线运动。

两轴交错分类中有锥齿轮。两轴既不平行也不相交分类中有蜗轮蜗杆传动。其特点是体积小、转速比大，适用于减速装置。驱动只能是蜗杆，而不能以蜗轮作为主动端。

由小齿轮驱动大齿轮时，转速变慢而转矩变大。

传递方向	齿轮的种类	特点	外观
两轴平行	直齿轮	通过改变直径来改变转速和转矩，是最常用的齿轮	
	齿条	可实现回转运动与直线运动的转换，与直齿轮搭配使用	直齿轮 齿条
两轴相交	锥齿轮	圆锥形，可改变回转轴的方向	
两轴既不平行也不相交	蜗轮蜗杆	从蜗杆向蜗轮传递运动，因转速比大，适用于减速装置	蜗轮 蜗杆

图 2-13　齿轮的种类

3　齿轮的大小和中心距

为加深理解，可以摩擦轮为基础来讨论齿轮的大小。摩擦轮是两个相接触的圆轮，通过摩擦传递运动。然而，这种机构会打滑，无法准确传递回转运动。那么，在摩擦轮的外圆添加凸凹不平的形状就是齿轮。

如果将摩擦轮的外圆作为基准圆，那么两个齿轮也通过基准圆相接触。这个基准圆的直径在商品齿轮型号表里面叫作分度圆直径。这里，两个齿轮的中心距等于主动齿轮的分度圆半径+从动齿轮的分度圆半径（见图 2-14）。

另外，齿轮的外径表示为齿顶圆直径，齿轮的齿根部直径表示为齿根圆直径。同时，分度圆直径在齿轮的实体上没有标记，实际上是直接观察不到的。

分度圆直径无穷大时，分度圆近似直线，这样的直线形状的齿轮叫作齿条。

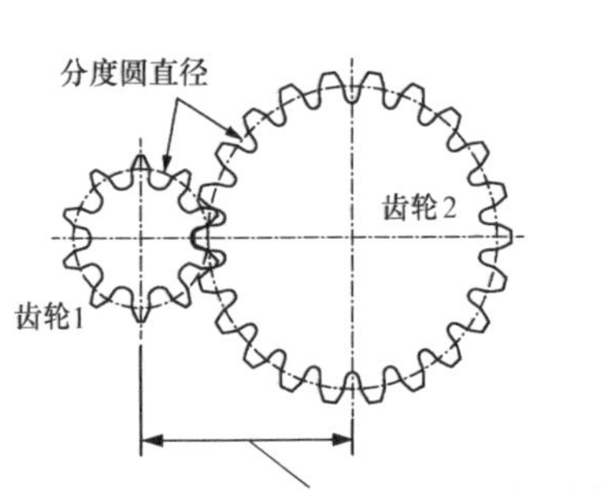

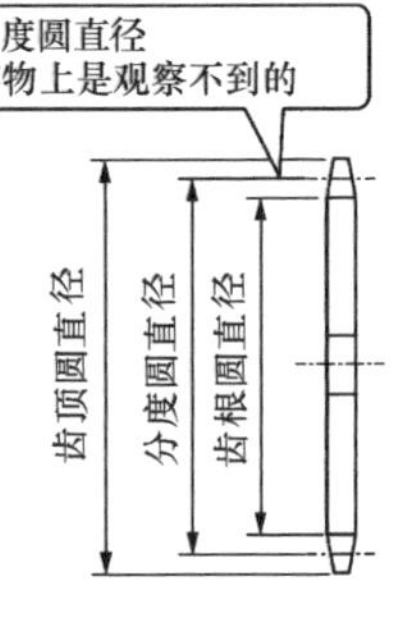

图 2-14　齿轮的大小和中心距

4　表示齿轮大小的模数

为了平滑地传递回转运动，齿轮的齿形多采用渐开线形状。渐开线是在将缠绕在圆柱上的线解开时，线的前端所描绘的轨迹。

当需要改变转速或者转矩时，可以通过改变齿轮对的直径来实现。然而，即使齿轮直径改变，单个轮齿的大小也需要保持一致，否则就会无法啮合。表示轮齿大小的参数是模数，单位是毫米（mm）（见图 2-15）。模数的数值越大，轮齿越大。

模数 = 分度圆上相邻轮齿的间隔（齿距）/π = 分度圆直径/齿数

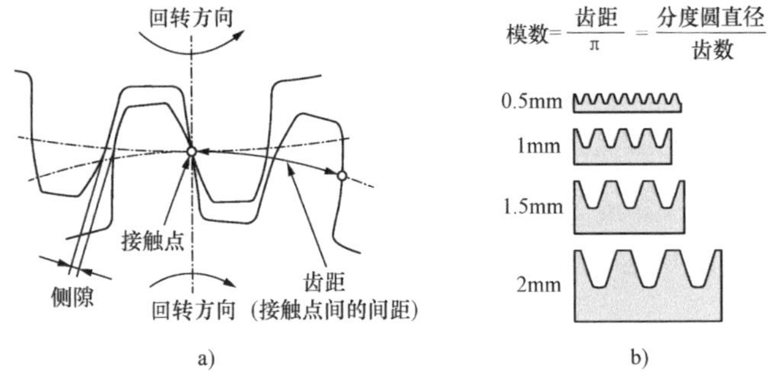

图 2-15　模数

a）齿的啮合与齿侧隙　b）模数尺寸图

常用模数有 0.5mm、0.8mm、1.0mm、1.5mm、2.0mm、2.5mm、3.0mm。例如模数 2.0mm 的分度圆齿距为 2.0mm×π=6.3mm。

5 齿轮传动的转速比

齿轮啮合时，主动轮的转速 1 和从动轮的转速 2 之比称为齿轮传动的转速比。如图 2-16 所示，转速比也等于齿数比或分度圆直径比。

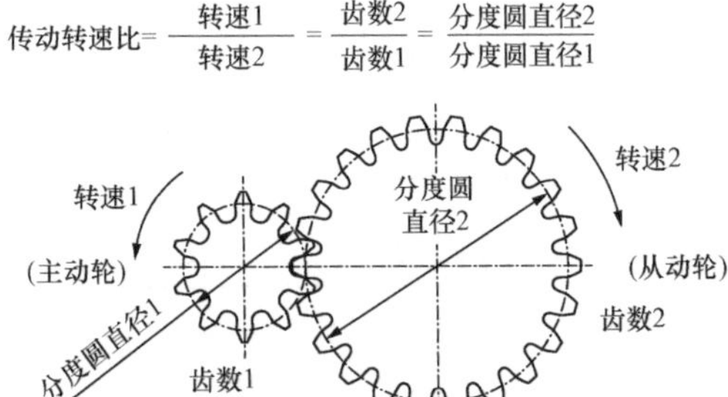

图 2-16 齿轮传动的转速比

例如，当主动轮的齿数为 10，从动轮的齿数为 20 时，从动轮的转速为主动轮转速的 1/2，传递转矩为主动轮的 2 倍。

6 侧隙

如果想要齿轮顺畅地啮合，必须留有间隙，该间隙称为侧隙（见图 2-15a）。齿轮沿着单方向转动时，这个侧隙不会引起问题。但是，当反向转动时，啮合会由于侧隙的存在产生一定量的空转，从而导致传动精度变差。

特别是齿轮的中心距对侧隙有很大影响，设计时需要多加注意。

7 齿轮选型的步骤举例

齿轮选型之前，需要确定的有中心距、传动转速比和模数。

下面通过示例试求主动齿轮 1 和从动齿轮 2 的参数。

示例： 已知中心距为 60mm，传动转速比为 3，模数为 1.5mm，求两个齿轮的参数。

解： 由传动转速比为 3，可得齿数 2=3×齿数 1

由中心距为 60mm，可得（分度圆直径 1+分度圆直径 2）/2=60mm

而分度圆直径=模数×齿数，所以［模数×（齿数 1+齿数 2）］/2=60mm

即［1.5×（齿数 1+3×齿数 1）］mm/2=60mm

由此得到齿数 1=20，齿数 2=60

则齿轮 1 的分度圆直径为 1.5mm×20=30mm

齿轮 2 的分度圆直径为 1.5mm×60=90mm

所以： 主动齿轮的分度圆直径为 30mm，齿数为 20；从动齿轮的分度圆直径为 90mm，齿数为 60

这里，表示轮齿大小的模数该如何确定是关键问题。模数是通过齿的强度计算求得的，利用生产厂家网页上提供的自动计算工具可以很容易求出来。

然而，实际上并非每次选型必须按上述步骤计算。有时会省略强度计算，根据积累的经验来选择模数。为便于直观把握，图 2-15b 展示了常用的模数尺寸图。

2.4 带传动

1 带传动的特点

带传动有以下特点。

1）由传动带和支承它的带轮构成。

2）适用于两轴中心距较长的场合。

3）与齿轮传动相比，在两轴中心距精度不高时也能平顺传动。

4）因使用橡胶，所以噪声较小。

5）不需要润滑油，易于维护。

6）当发生意外超载时，传动带打滑可防止机器损坏。

7）因使用橡胶，比链传动的耐久性差。

2 带的种类

带的种类主要有通过凹凸齿啮合传动的同步带，通过摩擦传动的 V 带和平带（见图 2-17）。

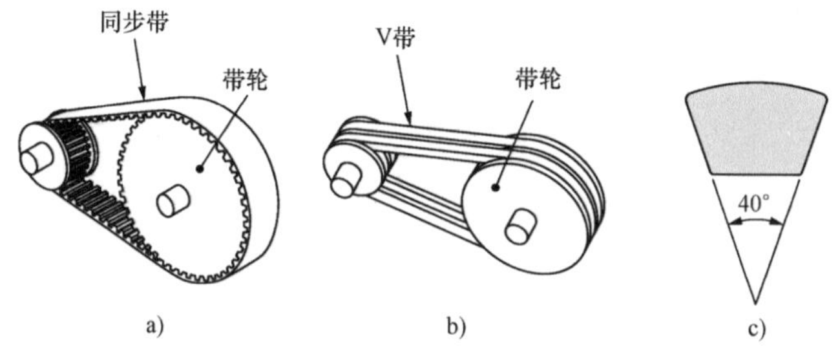

图 2-17 带的种类

a）同步带 b）V 带 c）V 带断面

同步带也称为齿形带，通过带与带轮上的齿啮合来传动，特点是无打滑且传动效率高。因此，广泛应用于打印机和办公机械上。

V 带是通过带与带轮间的摩擦力传动的，断面形状是 V 形，比四方形的平带摩擦力更大，更加不易打滑。而当施加力超过一定限度时，带与带轮间会打滑，可防止机器损坏。看看汽车的发动机舱内部，就可以看到同步带和 V 带的使用。

3 带张紧力的调节

带传动需要将带的张紧力调节到适当的大小。张紧力太小则容易打滑和产生振动，张紧力过大则带轮轴承会产生较大磨损。

带张紧力的调节可以通过调节带轮的中心距，也可以通过在带的松弛侧设置张紧轮（见图 2-18）。

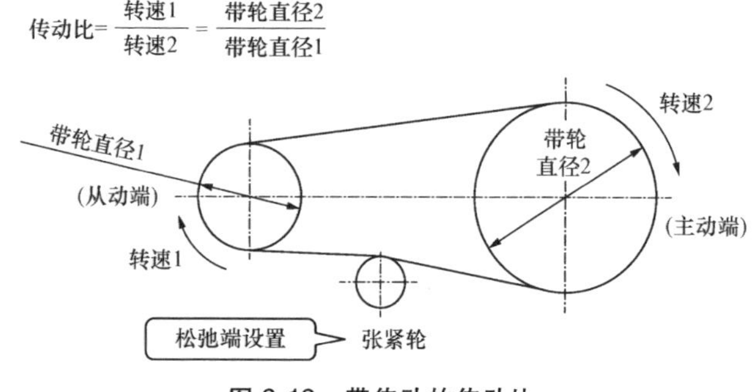

图 2-18 带传动的传动比

2.5 链传动

1 链传动的特点

链传动有以下特点。

1）由滚子链和悬挂链条的链轮构成。

2）传动不会打滑，传动效率好。

3）适用于两轴中心距较长的场合。

4）不需要大的张紧力，链轮轴承的磨损小。

5）采用金属材质，耐久性好。

6）链条随着使用时间延长会伸长，需要调节张紧力。

7）不适于对回转精度有较高要求的传动。

2 滚子链的构造

最常见的滚子链就是自行车链条。滚子链由滚子、套筒、销轴、内链板、外链板 5 部分构成（见图 2-19）。通过自由转动的滚子与链轮的啮合来传递动力。

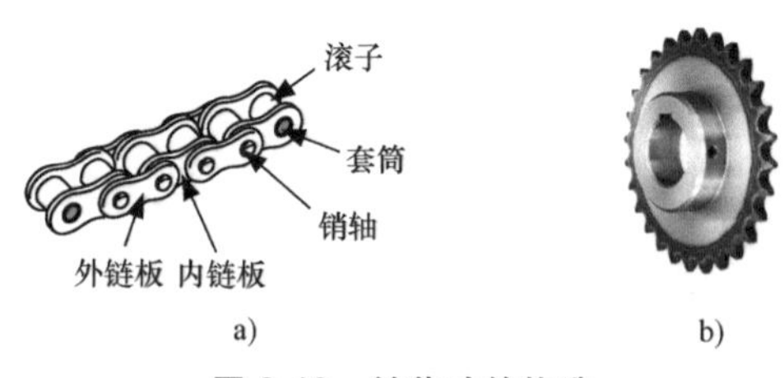

图 2-19 链传动的构造

a）滚子链的构造 b）链轮

3 滚子链张紧力调节

一般地，滚子链的传力张紧边应位于上方，松边布置在下方。如果将松边布置在上方的话，一方面滚子链不容易从链轮脱离出来；另一方面，当链条长而链轮直径小时，上方垂下来的链条有可能碰到下方的链条。

如果设置张紧轮的话，与带传动相同，也要设置在松边。

4 自行车的变速机构

带有变速机构的自行车，可以轻松地骑着上坡。图 2-20 所示为前 3 齿盘和后 5 齿盘 15 级变速链轮的例子。

当主动端的前链轮选最大直径齿盘，后飞轮选最小直径齿盘组合时，蹬力最沉重，蹬一圈脚蹬走行距离最长，速度最快。反过来选的组合，则蹬力最轻便，走行距离最短，速度最慢。

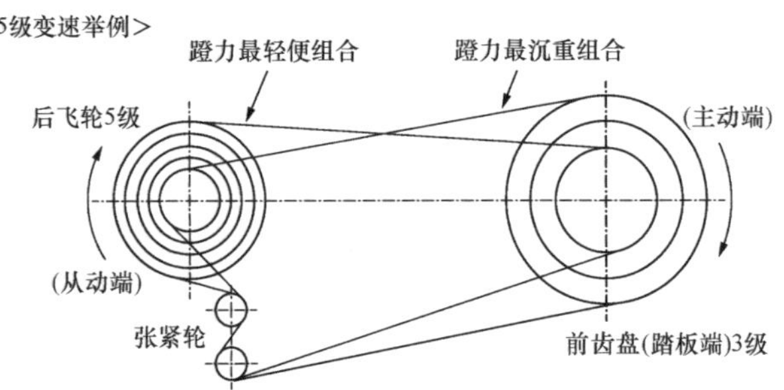

图 2-20　自行车的变速机构与张紧轮

2.6 滚珠丝杠传动

1 滚珠丝杠的构造和特点

滚珠丝杠是利用螺纹将电动机的回转运动转换成往复直线运动的一种定位精度很高的传动机构。由外螺纹形状的丝杠、内螺纹形状的螺母和传递运动的滚珠3个部件构成（见图2-21）。回转丝杠时，螺母就会进行往复直线运动。丝杠与螺母之间的滚珠在螺母内部循环运动。

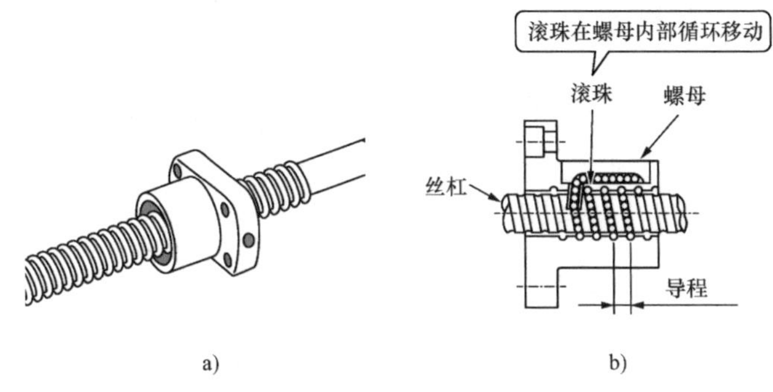

图2-21 滚珠丝杠的构造

a）外观 b）内部构造

由于滚珠的滚动摩擦小且运动平稳，所以滚珠丝杠广泛应用于机床和工业机器人等需要高定位精度的场景中（见图2-22）。丝杠的两端装有轴承，丝杠的一端由将在第3章介绍的联轴器与电动机相连接。

2 作为选型要点的导程

导程是当丝杠回转一周时，螺母所移动的距离。例如，导程为2mm的滚珠丝杠回转一周时，螺母的位移量为2mm。导程越小，定位精度越高，移动所需时间越长。反之，导程越大，可以高速移动，但定位精度将下降。

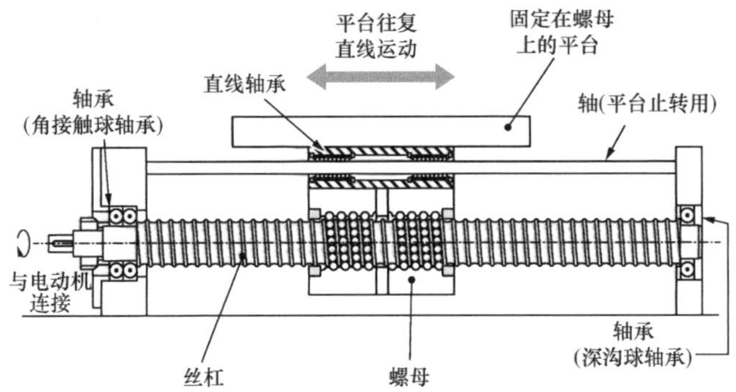

图 2-22　滚珠丝杠的应用示例

市场上滚珠丝杠的导程有 1mm、2mm、4mm、5mm、6mm、8mm、10mm、12mm、16mm、20mm 等，也有导程为最大 100mm 的。

因为滚珠丝杠的两端需要安装轴承，所以丝杠直径加工精度要求较高。

2.7 专栏：设计审查的诀窍

第1章介绍的设计审查在实施时是有诀窍的。设计者要优先考虑满足设计要求。另一方面，对于加工、组装、调整等制造方面总会有感到知识薄弱的地方。设计审查的目的是让各个专家给出建议。这时，设计审查不仅仅是给出评价，关键是要“给出解决对策意见”。

只是评价的话，设计者会找不到出路。例如，有人评价某个零件很难加工，但设计者也不知道如何变更才能更容易加工。请加工领域的专家提出具体的建议很重要。

为此，设计审查的主持人要有强烈的意识，不仅要专家给出评价，还要得到有针对性的具体的建议，这是设计审查成功的关键。

另外，设计审查这一名称会给人一种判定合格与否那样生硬的感觉，所以不当作审查，而是以“全公司齐心协力，制造出好的东西”为宗旨，例如用“构思研讨会”这样比较柔和的名称，也是会让成员容易提出意见的一种方法。

第3章 连接件

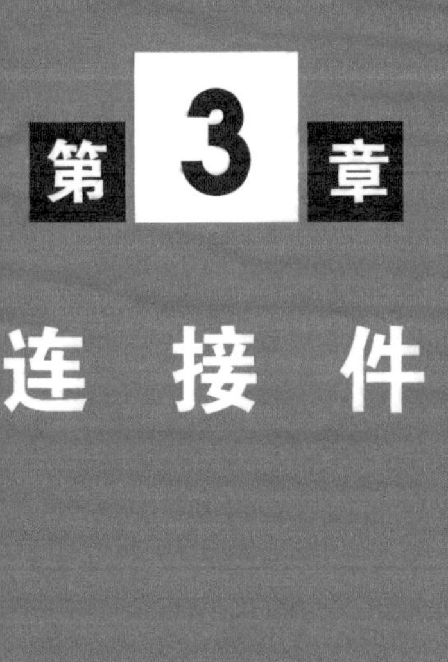

3.1 螺纹

1 螺纹的用途

螺纹在日常生活中随处可见，通过旋转就能实现拧紧和松开。螺纹的用途如图 3-1 所示，第一种也是最常见的用途是连接两个零部件。连接零部件的方法有很多种，例如焊接、粘接和铆接。但焊接、粘接和铆接在需要拆开连接时，只能通过破坏的办法，而螺纹是唯一在连接后还可以拆开的连接方式。这也是螺纹被广泛使用的原因之一。

第二种用途是用于传递动力。第 2 章中的滚珠丝杠就是通过螺纹来传递动力的。

第三种用途是放大位移。螺旋测微计就是一个通过螺纹放大测得的微小位移的例子。

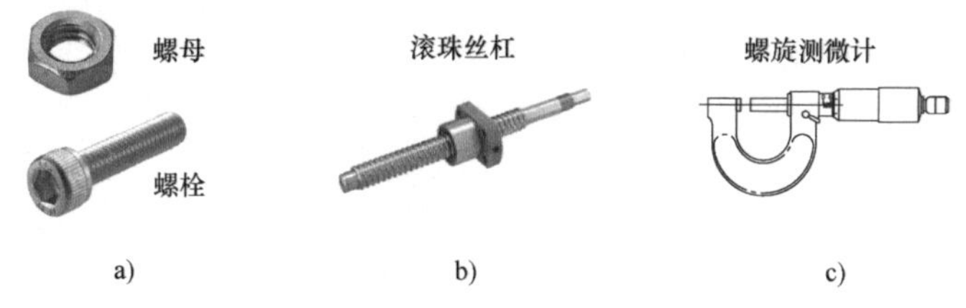

图 3-1 螺纹的用途

a）连接用 b）传递动力用 c）放大位移

2 螺纹的原理

沿着三角形纸卷绕在圆柱上时形成的螺旋线制作凹槽就形成了螺纹（见图 3-2）。这种螺纹叫作外螺纹；反之，在孔的内壁沿着螺旋线制作的凹槽叫作内螺纹。

根据螺旋线缠绕方向的不同，螺纹又分为右旋螺纹和左旋螺纹。常用的右旋螺纹，当沿顺时针方向旋转时是拧紧的。

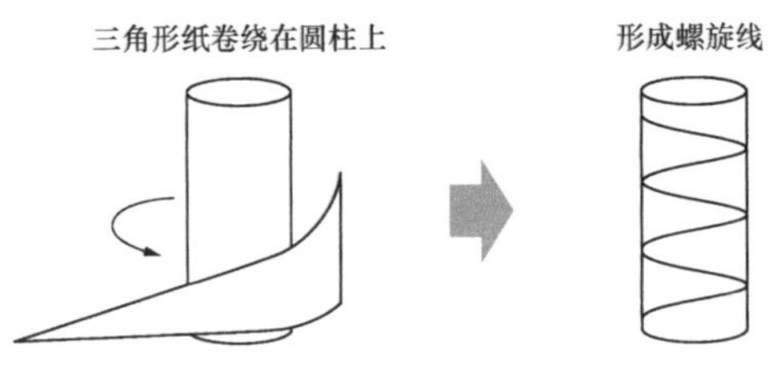

图 3-2　螺纹的螺旋线

3　按牙型对螺纹进行分类

沿着螺旋线制成的连续凸起被称作牙体，根据牙体断面的形状可分为三角形螺纹和四角形螺纹（见图 3-3）。其中三角形螺纹又根据用途分为两类，用于一般用途的普通米制螺纹（以下统称为米制螺纹）和用于连接流体管道的管螺纹。四角形螺纹又分为矩形螺纹和梯形螺纹两种，通常用在工作时受力很大的机械上。

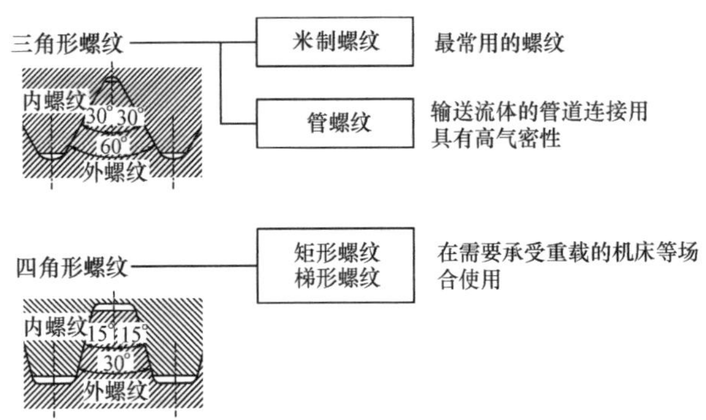

图 3-3　按螺纹牙型分类

3.2 米制螺纹

1 米制螺纹的定义

米制螺纹是指螺纹牙型角为60°的三角形螺纹。尽管称为米制螺纹，但它的尺寸是用毫米表示的。外螺纹中螺纹牙型最高部分，即牙顶的直径称为大径，外螺纹牙型最低部分，即牙底的直径称为小径。对于内螺纹，螺纹牙型最低部分，即牙底的直径称为内螺纹大径，而牙型最浅部分，即牙顶的直径称为小径。因此外螺纹的大径和内螺纹的底径是相同的，内螺纹的小径和外螺纹的底径相同。

代表螺纹尺寸大小的直径被称为螺纹的公称直径。外螺纹的公称直径用顶径表示，内螺纹的公称直径用底径表示。在实际应用中，螺纹的公称直径常简称螺纹直径。

螺距是指相邻两牙体之间的距离，即相邻牙顶与牙顶之间的距离或者相邻牙槽与牙槽之间的距离。还有一种更好理解的定义方法，即将螺距理解为螺纹旋转一周时前进的长度。

螺纹各部分的名称如图 3-4 所示。

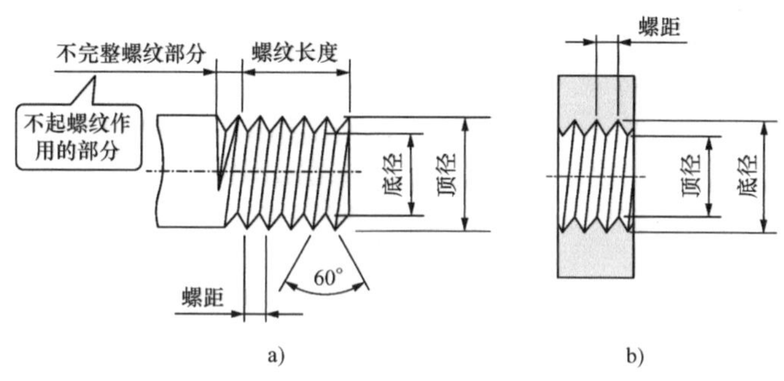

图 3-4 螺纹各部分的名称

a）外螺纹 b）内螺纹

2　螺距不同的粗牙螺纹和细牙螺纹

在螺纹公称直径相同的情况下，根据螺距的不同，又可分为螺距大的粗牙螺纹和螺距小的细牙螺纹（见图3-5）。例如M5的粗牙螺纹的螺距是0.8mm，而同样M5的细牙螺纹的螺距就是0.5mm。虽然粗牙螺纹和细牙螺纹的牙型角都是60°，但细牙螺纹的螺纹高度比粗牙螺纹低。

一般常用的是粗牙螺纹，细牙螺纹只在以下存在优势的特殊场合使用。

比起粗牙螺纹，细牙螺纹有以下几种优势。

1）细牙螺纹更适合薄壁的场合（螺纹牙数更多）。

2）不易松动（因为螺旋线的导程角变小了）。

3）不易折断（因为细螺纹的底槽更浅）。

4）可以进行微调（因为旋转一圈前进的长度更小）。

要注意的是，每种公称直径的粗牙螺纹只有单个螺距，而M8以上的细牙螺纹却有多个螺距，需要从中选择使用。

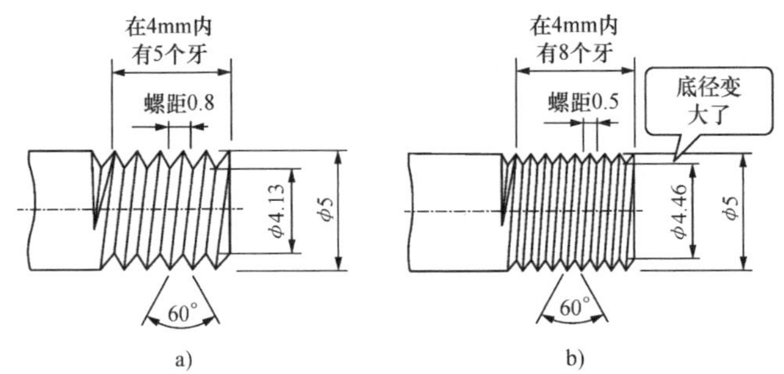

图3-5　M5粗牙螺纹和细牙螺纹的对比

a）M5的粗牙螺纹　b）M5的细牙螺纹

3　米制螺纹的表示方法

粗牙螺纹的表示方法是以“M”开头，用M（公称直径）表示。对于大径是 4mm 的外螺纹，表示为 M4。细牙螺纹的表示则是 M（公称直径）×（螺距）。例如 M8 的细牙螺纹，螺距有 1 和 0.75 两种，选择螺距 1 的场合，表示为 M8×1。

简单来说，表示方法中不显示螺距的就是粗牙螺纹，显示的则是细牙螺纹。主要螺纹尺寸如图 3-6 所示。

螺纹代号	螺距		大径	小径	
	粗牙螺纹	细牙螺纹		粗牙螺纹	细牙螺纹
M3	0.5	0.35	3.000	2.459	2.621
M4	0.7	0.5	4.000	3.242	3.459
M5	0.8	0.5	5.000	4.134	4.459
M6	1	0.75	6.000	4.917	5.188
M8	1.25	1(0.75)	8.000	6.647	6.917 (螺距为1)
M10	1.5	1.25、1(0.75)	10.000	8.376	8.917 (螺距为1)

注：单位为mm，M10以后省略。细牙螺纹优先选择括号之外的螺距。

图 3-6　主要螺纹尺寸

4　不完整螺纹部分

螺纹全长分为完整加工螺纹和不完整加工螺纹两部分。不完整加工螺纹的牙槽会逐渐变浅，虽然也呈螺旋形状，但不能起到螺纹的作用。这种无功能部分的螺纹称为“不完整螺纹部分”。如图 3-4 所示，螺纹长度不包括不完整螺纹部分，只表示起螺纹作用部分的长度。

3.3 螺钉和螺栓的种类

1 螺钉和螺栓的分类

螺钉可以大致分为小螺钉、免工具螺钉、特殊螺钉等类型(见图 3-7)。例如使用家庭常备螺丝刀就可以拧紧的是小螺钉。免工具螺钉是徒手即可拧紧的螺钉。特殊螺钉包括在拧紧时能攻出内螺纹的螺钉等。

螺栓用于需要牢固紧固力的地方。

螺钉和螺栓的分类如图 3-7 所示。

分类	名称	外观	特征	工具
小螺钉	盘头螺钉		用于固定小零件	十字螺丝刀、一字螺丝刀
	沉头螺钉		螺钉头上部为平面，用于沉头孔	
	扁圆头螺钉		螺钉头比盘头螺钉大，而高度低	
螺栓	内六角螺栓		头部开有六角形孔，使用内六角扳手拧紧	内六角扳手、扭力扳手
	六角头螺栓		头部为六角形，使用扳手拧紧	扳手、扭力扳手
免工具螺钉	滚花螺钉		为了防止徒手拧紧打滑，螺钉头外侧开有细沟槽	免工具
	蝶形螺钉		有翼形突起结构，便于徒手拧紧	
特殊螺钉	紧定螺钉		无螺钉头，螺钉端面开有内六角孔	内六角扳手
	自攻螺钉		在拧紧的同时，给孔攻内螺纹	螺丝刀

图 3-7　螺钉和螺栓的分类

2 螺钉的特征

盘头螺钉的头部近似呈圆柱形，用于固定不需要很大紧固力的小零件（见图 3-8a）。沉头螺钉的头部是锥形的，拧紧后能使螺钉头完全沉入工件（见图 3-8b）。但要注意的是，如果锥孔中心和螺纹孔的中心没有对齐的话，螺钉头部可能会顺着孔的斜面露出来。扁圆头螺钉的特点是螺钉头低，外径大，接触面积也大（见图 3-8c）。由于外观更美观，扁圆头螺钉通常用作盖板的固定螺钉。

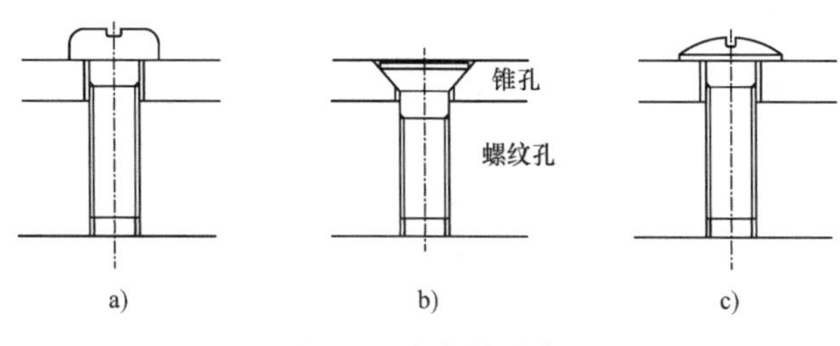

图 3-8 螺钉的种类

a）盘头螺钉 b）沉头螺钉 c）扁圆头螺钉

3 螺栓的特征

当需要很大的紧固力时，通常使用内六角螺栓或六角头螺栓（见图 3-9）。内六角螺栓的头部是圆柱形的，中心有一个六角形的孔。在拧紧时，可以利用 L 形内六角扳手插入这个孔中旋转，可以得到很大的拧紧力。由于螺栓的材质多为铬钼钢或不锈钢，因此具有强度高的优点。缺点是螺栓头部较大，螺栓头部的高度和公称直径相同，例如 M8 的螺栓头部高就为 8mm。如果觉得螺栓头部碍事，则可加工沉头孔，将螺栓头部完全沉入工件内部。

六角头螺栓的螺栓头部高度低于内六角螺栓。螺栓头外形为六角形，使用扳手进行紧固。

当需要严格控制拧紧扭矩时，请使用扭力扳手。当超过设定扭矩时扳手会打滑以免扭矩进一步上升，并发出咔嗒咔嗒的声响。

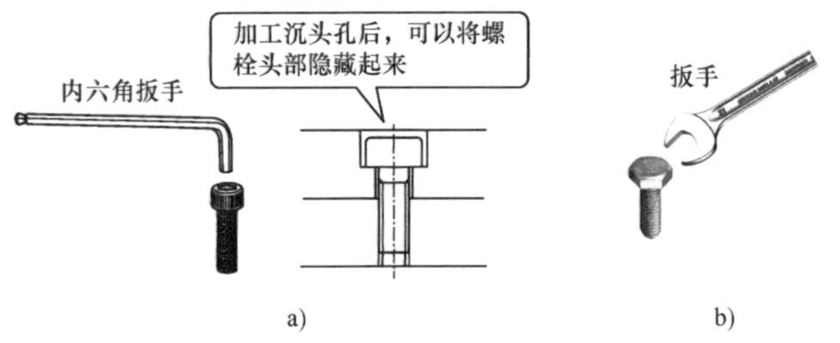

图 3-9　内六角螺栓和六角头螺栓

a）内六角螺栓　b）六角头螺栓

4　内六角螺栓广泛使用的理由

相对于六角头螺栓，内六角螺栓有以下优点。

1）因为拧六角头螺栓的扳手无法伸进沉孔内操作，所以六角头螺栓无法进入沉头孔内，而内六角螺栓则可以拧进沉头孔内。

2）用扳手拧紧六角头螺栓时，扳手仅与头部六个面中的两个面接触，而内六角螺栓则与 L 形内六角扳手的六面都接触，拧紧过程更稳定。

3）L 形内六角扳手的体积更小，在有多个螺栓紧密排列和空间狭小的场合下更适用。而扳手由于体积较大，在螺栓间距不够大的情况下会彼此发生干涉，影响安装。

4）仰头向上拧紧螺栓时，可以先将 L 形内六角扳手插入六角孔内再对准拧入螺纹孔，操作性更好。

另一方面，拧紧六角头螺栓的扳手是唯一能从螺栓侧面插入的工具，而其他扳手都需要从螺栓正上方插入。这也是使用六角头螺栓的一个优点。

5　免工具螺钉

对于那些多品种、小批量、需要频繁更换零件的产品，需要在短时间内完成生产准备工作。如果此时不需要施加很大的力，那使用免工具徒手就可以拧紧的滚花螺钉或者蝶形螺钉就非常方便。

这样的免工具螺钉，各个厂家都有各种各样的型号在市场贩卖。

6 特殊螺钉的特征

紧定螺钉常指没有螺钉头，直接在螺钉端面开槽或开有一个内六角孔的螺钉（见图3-10a）。因为没有螺钉头，不会与其他零件发生干涉，因此在狭窄区域使用格外有效。缺点是内六角孔较小，内六角扳手也较细，所以拧紧力不能太大。

自攻螺钉是指一边拧紧螺钉，一边利用螺钉前端在孔内壁加工出内螺纹的螺钉（见图3-10b）。自攻螺钉的优点是不用事先在工件上加工出内螺纹。但只有薄钢板（软钢材所允许的最大厚度约为5mm）或铝制材料以及塑料材料才能使用。

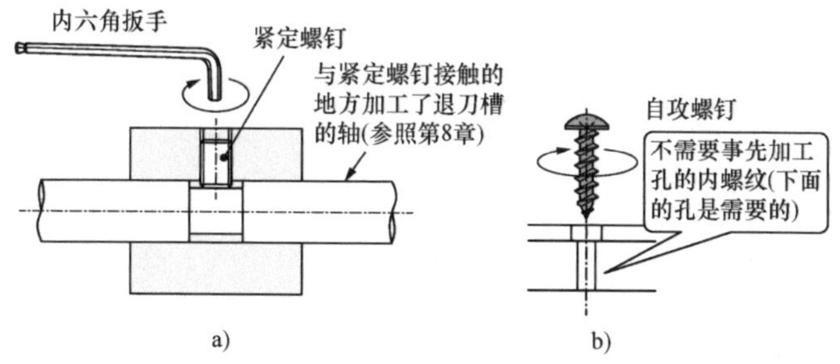

图3-10 紧定螺钉和自攻螺钉

a）紧定螺钉的使用示例 b）自攻螺钉

3.4 螺钉尺寸的选择方法

1 螺钉直径的选择方法

确定螺钉直径时，要保证其可承受最大极限外力而不被破坏，并保留一定的安全余量。施加外力的方向不同，可承受的最大极限外力值也不同。另外，施加力的方式（如是否承受冲击载荷等）不同，安全系数的大小也不同。

也就是说，螺钉的直径应该根据以上这些因素来确定，但在实际生产中一般是根据以往的经验来确定，仅在必要场合进行计算确认。如图 3-11 所示，作为参考展示了螺钉直径在拉伸和剪切方向所能承受的最大力的大小。

螺钉直径	螺钉的有效截面积/mm^2	拉伸载荷/kgf	剪切载荷/kgf
M3	5.03	123	98
M4	8.78	215	172
M5	14.2	348	278
M6	20.1	492	393
M8	36.6	896	717
M10	58.0	1420	1136

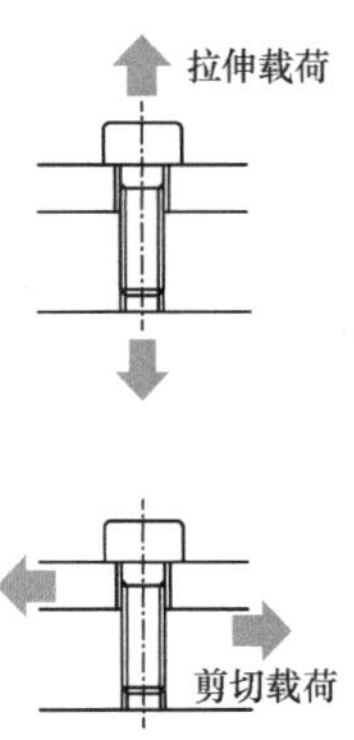

载荷的前提条件

1)拉伸载荷=螺钉的有效截面积×拉伸强度/安全系数

2)剪切载荷=螺钉的有效截面积×剪切强度/安全系数

3)安全系数为5(单向重复载荷)

4)螺栓性能等级为12.9(拉伸强度1200N/mm^2,屈服极限为拉伸强度的90%)

5)剪切强度为拉伸强度的80%

6)1kgf=9.8N

图 3-11 螺钉承载力大小的例子

2 螺钉拧入深度的确定

螺钉的拧入深度过短的话，会造成紧固力过小，牙体破损的风险增加。但拧入过长的话，又会带来内螺纹加工浪费，同时拧紧时增加了多余的旋转次数，造成操作费时。图 3-12、图 3-13 给出了螺钉拧入深度的估算值。

(1) 内螺纹是钢铁材料（不包含铸铁）时

［螺钉拧入深度=螺纹直径］是基本的尺寸确定方式，存在冲击和振动的情况下，［螺纹直径×1.5］更合适。另外，在盖板等不受力的应用场合下，通常取 4 倍螺距的长度就足够了。

(2) 内螺纹是铸铁或铝材时

估算值取［螺钉拧入深度=螺纹直径×1.8 倍］。另外，如果工件很薄，无法满足螺钉拧入深度时，或者在塑料上攻螺纹时，可以使用螺纹套，这部分内容会在下文 3.5 节提到。

内螺纹的材质		拧入深度估算值	例：M6螺钉(螺距1mm)拧入深度
钢铁材料(不包含铸铁)			
	一般情况	与螺纹直径同尺寸	6mm
	振动、冲击、重载	螺纹直径×1.5	9mm
	轻载(盖板等)	螺距×4	4mm
铸铁或铝材		螺纹直径×1.8	11mm

图 3-12 螺钉拧入深度的估算值

3 内螺纹的螺纹深度和钻孔深度

加工内螺纹时，先用钻头钻孔后，再用丝锥加工内螺纹。加工螺纹的深度大致等于［螺钉拧入深度+大于两倍螺距］的距离。同时考虑使用丝锥加工时丝锥前端咬合部的影响，钻孔深度应该比螺纹深度再多加工 5 倍螺距的距离。

4 确定螺钉尺寸需要考虑的因素

综上所述，确定螺钉尺寸时需要考虑以下因素：

1）依据经验确定螺钉直径（不要求计算）。

2）参照图 3-12，先暂定螺钉拧入深度。

3）螺钉拧入深度加上需固定材料厚度即可以算出螺钉长度。然后再从市场贩卖品中选取与计算螺钉长度相近并尺寸稍长一些的螺钉。

4）根据选定的螺钉长度，减去需固定材料的厚度得到拧入深度。

5）在拧入深度上增加 2 倍螺距以上长度可得到螺纹深度。

6）螺纹深度加上约 5 倍螺距长度可以得到钻孔深度。一般这个钻孔深度不需要在图纸上标注出来，由加工人员来定即可。

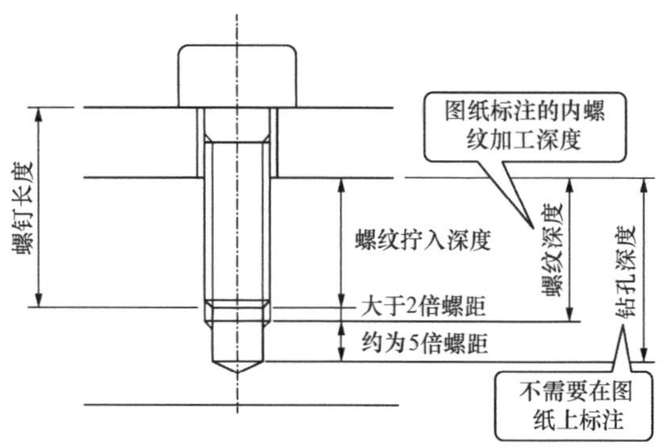

图 3-13　螺纹加工的相关尺寸

第3章
连接件

3.5 螺纹连接的相关零部件

1 螺母

使用螺纹连接，有在被连接件上攻螺纹和使用螺母两种方法（见图 3-14）。使用螺母的话，就不用加工内螺纹了，万一更换了螺钉，只要更换螺母就可以了，非常方便。然而，拧螺钉时，需要同时把住螺钉和螺母，操作性不好。同时，螺母可能与其他零件发生干涉，这也是其缺点。因此，机械零件中，直接在被连接件上攻螺纹是更常见的方案。

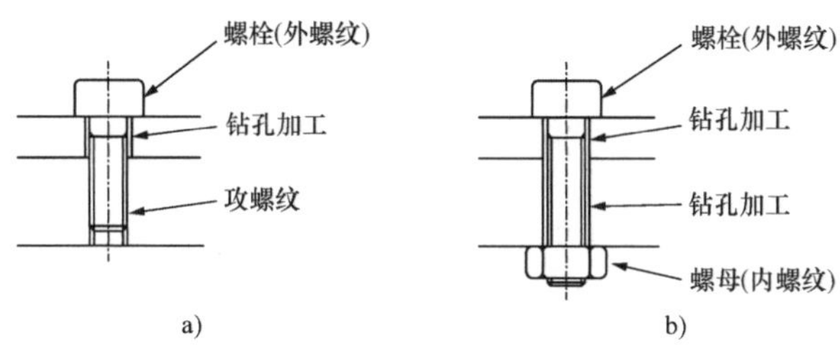

图 3-14 攻螺纹与使用螺母

a）攻螺纹 b）使用螺母

2 增强内螺纹强度的螺纹套

对于铝和塑料这一类的软材料，若使用如 M3 这样的小型螺钉，在多次拆卸安装的情况下，螺纹牙体很容易被压溃破坏。因此在选择螺钉大小时最好选择 M4 以上的尺寸，在不得不选择小尺寸螺钉时，应使用螺纹套（见图 3-15）。由不锈钢之类的硬质材料制成的螺纹套，断面通常是菱形的螺旋面，内侧是普通的内螺纹。

螺纹套是利用专用工具将其嵌入材料中。螺纹套的另一个用途是当螺纹牙体由于某种原因损坏时，可以利用嵌入螺纹套实现修复。

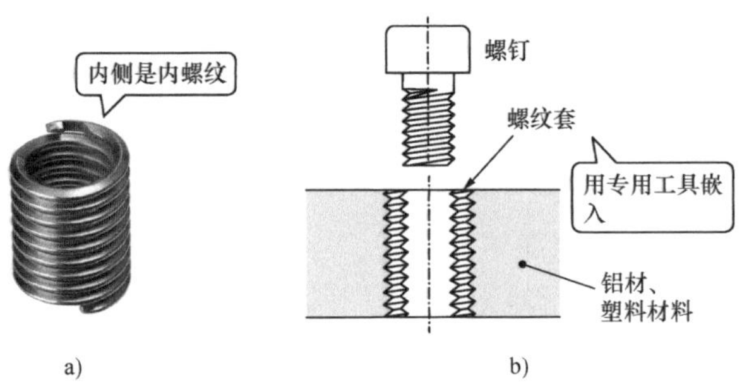

图 3-15 螺纹套

a）螺纹套 b）使用方法

3 平垫圈的功能

平垫圈是夹在螺钉和工件之间的零件。平垫圈的外径比螺钉头的外径大，当固定对象是铝质或塑料这样的软材料时，使用平垫圈可以降低工件表面所受的压力从而防止拧紧划伤，同时还能防止因表面压溃而导致连接发生松动。另外在钻孔过大时，使用平垫圈可以增加支承面积（见图 3-16）。

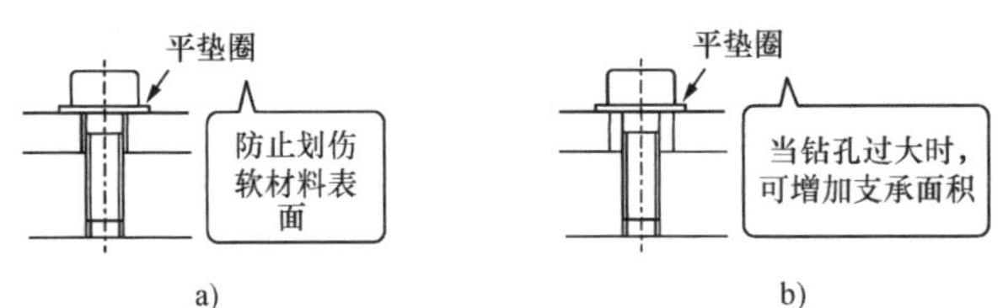

图 3-16 平垫圈的功能

a）防止划伤 b）增加支承面积

4 弹簧垫圈的防松效果

弹簧垫圈可以看作是将平垫圈切断并盘成螺旋状而制成的。弹簧垫圈曾经被认为是始终有防松功能的零件。然而，因为与按规定扭矩拧紧的拧紧力相比，压缩弹簧垫圈产生的回弹力太小了。而且在各种振动试验中，发现弹簧垫圈没有明显的防松效果。此类信息可以通过网络搜索到，应用时请参考。

5 螺钉的防松对策

虽然螺钉按设定扭矩拧紧后，应该可以防松，但由于接触表面的粗糙度、振动、冲击、温差等因素，还是会有产生松动的风险。

螺钉防松的对策有：

(1) 对角拧紧

首先要注意在多点拧紧时，如果逐个按顺序拧紧，会造成力集中于一处，因此一般按对角拧紧是常规的操作，如图 3-17a 所示。此外，要先进行一圈预拧紧，第二圈再完成最终的拧紧。

(2) 补充拧紧

拧紧后，隔一段时间重新对螺钉进行拧紧称为补充拧紧。此次拧紧因为是用相同的扭矩进行拧紧，所以不是增加拧紧力的再拧紧，补充拧紧是包含检查零件是否松动意味的操作。

(3) 螺纹防松剂

还有一种螺钉防松方法是在螺纹部位涂抹螺纹防松剂。市面上有很多防松剂在贩卖，如 LOCTITE®等。因为使用方法简单，螺纹防松剂应用广泛。

(4) 双螺母锁紧

用两个螺母锁紧的方法叫双螺母锁紧。此时拧紧的方向和拧紧的顺序格外重要（见图 3-17b）。

步骤 1：拧紧螺母 A。

步骤 2：拧紧螺母 B。

步骤 3：保持螺母 B 固定，反向拧紧螺母 A 使其与螺母 B 相互压实。

(5) 防松螺母

市场上可以购买到不同厂家、各种各样的特种防松螺母。

(6) 细牙螺钉

与粗牙螺钉相比，细牙螺钉的螺距更小，因此螺旋线的导程角也变小，螺钉也更不容易松弛。

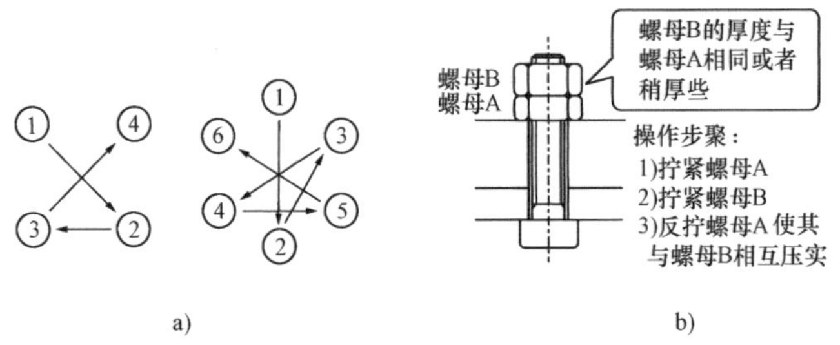

图 3-17 螺钉的防松例子

a）对角拧紧 b）双螺母

3.6 连接的基础件

1 定位用的圆柱销和圆锥销

销起定位的作用，有圆柱形的圆柱销和带有小锥度的圆锥销（见图 3-18）。使用圆柱销时，要预先安装销，再以销为基准定位。圆柱销通过过盈配合安装在销孔中，当通过与销的侧面接触来定位时，称作端面定位基准；当以销插入孔中来定位时，称作孔定位基准。采用孔定位基准时，销和孔之间的配合采用间隙配合。

过盈配合时销比孔大，也称压入配合，要用塑料锤子轻轻敲击销来插入孔中。间隙配合时销比孔小，因此很容易插入孔中。

圆锥销是将 2 个位置已经固定好的零件，利用锥形铰刀同时加工好两个零件的锥孔，然后将圆锥销插入孔中。

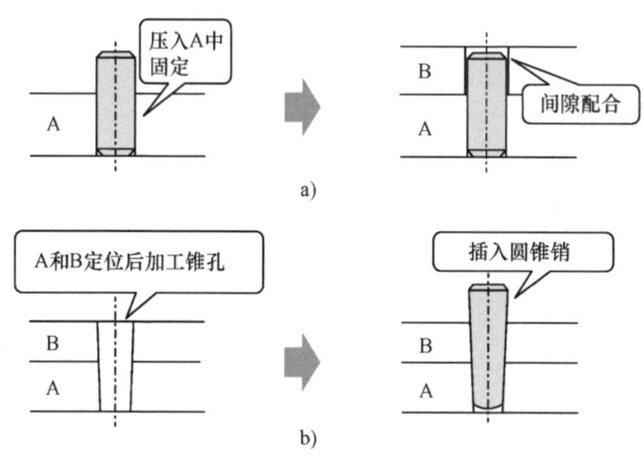

图 3-18 圆柱销和圆锥销的使用示例

a）圆柱销 b）圆锥销

由于圆锥销与锥孔的间隙可以为零，定位精度很好，分拆后的重复定位精度也很好。为了方便拔出圆锥销，有厂家贩卖在后端面加工了螺纹孔的圆锥销。

2　简便的弹性圆柱销

如图 3-19a 所示，弹性圆柱销可以看作将一张薄板卷成圆柱状制成的。销的截面形状有小开口，插入孔中时因受压开口闭合而产生回弹力，将其紧固在孔的内壁上。一般在受力不大，没有精度要求的场合下使用。销孔的加工不需要铰孔，只需要钻孔就可以了，很方便。它被视为简易版的圆柱销。

3　防止脱落的开口销

如图 3-19b 所示，开口销由弯曲成 U 形的金属丝制成，用于防止零件脱落。在零件上预先开孔，插入开口销，然后左右掰开 U 形金属丝，以防止销的脱落。开口销使用过一次后就变得容易折断，不能再次利用。

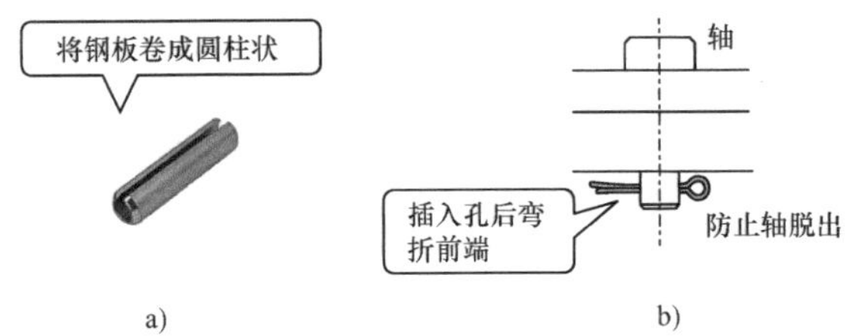

图 3-19　弹性圆柱销和开口销

a）弹性圆柱销　b）开口销的使用示例

3.7 连接轴的部件

1 连接轴与轴的联轴器

当连接两根驱动轴时，需要使用能吸收两轴中心错位的联轴器。联轴器是可以允许一定偏心和偏角（见图 3-20）存在的机械部件。尤其是在和电动机的驱动轴连接时，为了不给电动机增加负荷，必须使用联轴器。

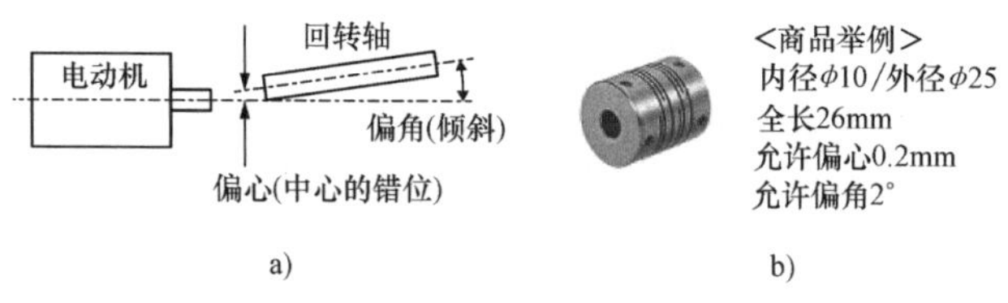

图 3-20 偏心和偏角

a）偏心和偏角 b）挠性联轴器

联轴器的种类和特点如图 3-21 所示。

种类	特点	外观
刚性联轴器	两轴位置重合精度高，适用于无偏心和偏角的场合	
挠性联轴器	联轴器具有挠性，允许有偏心和偏角存在。是常用的联轴器	弹簧类型 橡胶类型
十字联轴器	适用于两轴平行但有较大错位偏心的场合	
万向联轴器	适用于两轴呈一定角度相交的场合，也称为万向节	

图 3-21 联轴器的种类和特点

2　防止回转偏移的键

固定在轴上的零件包括齿轮、带轮、链轮，以及联轴器等。由于传动轴瞬时受到很大的力，因此仅依靠螺纹连接并不可靠。为了防止回转偏移的产生，需要用键来实现机械约束（见图 3-22）。

轴和与轴相连的零件都加工出凹槽来，称为键槽。两个凹槽组成一个方形孔，将矩形键插入这个方形孔来防止回转偏移。这就是市面上的齿轮和带轮普遍有键槽的原因。键和键槽的尺寸由 JIS 标准规定。

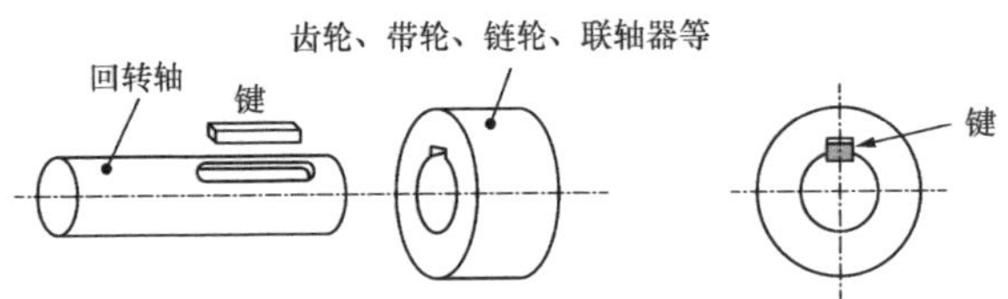

图 3-22　键的使用方法

3　过载保护的力矩限制器

如图 3-23 所示，当某种故障导致施加给轴的力矩远超设计值时，为了防止驱动电动机和从动机构的损坏，需要一种能切断轴的传动的安全离合器，也称为力矩限制器。

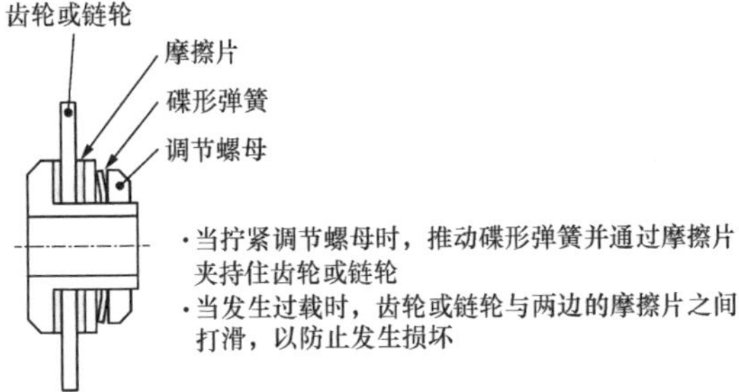

图 3-23　力矩限制器的构造

啮合部分的结构有弹簧、压缩空气和磁力等几种方式。另外，离合器作动后可以自动复位，也可以手动复位，可以每次在相同位置咬合，也可以在不同位置咬合，各种不同种类的离合器在市面上都能买到。

4　防止脱落的弹性挡圈

将弹性挡圈装入轴或孔上制成的沟凹槽内，用于固定或防止脱落（见图 3-24）。弹性挡圈很薄不占空间，同时价格也很便宜。其尺寸由 JIS 标准规定，装入的沟槽尺寸也有标准值。

C 型弹性挡圈有轴用和孔用两种，C 型轴用弹性挡圈需要沿着轴线方向平行装入。

E 型弹性挡圈专用于轴，可以在垂直于轴线方向横向插入。

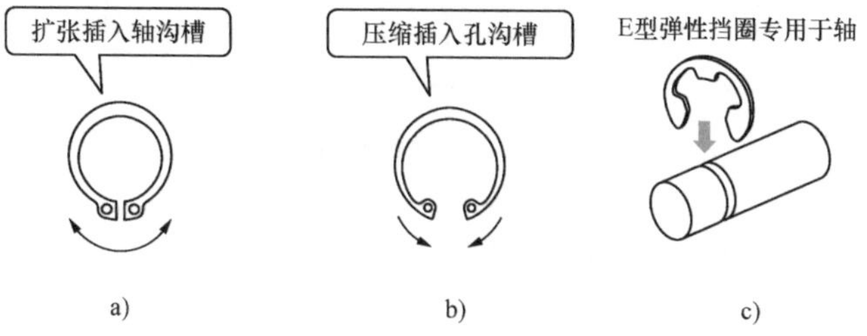

图 3-24　弹性挡圈

a）C 型弹性挡圈（轴用）　b）C 型弹性挡圈（孔用）　c）E 型弹性挡圈

第4章

机械零件

4.1 往复直线运动的导向机构

1 导向机构的全貌

按照传动导向方向的不同，运动可分为往复直线运动和回转运动两种。其中，往复直线运动的导向机构有板式导轨和直线轴承，回转运动的导向机构是轴承。除此之外，轴套则既能导向直线运动，又能导向回转运动。导向机构如图 4-1 所示。

根据构造的不同，轴承可分为通过钢球滚动来减小摩擦的滚动轴承和表面受力的滑动轴承两种。其中，滑动轴承尤其适合在受力大或有冲击的情况下使用。

导向方向	种类	构造	配对方	外观
直动	板式导轨	滚动轴承	配套使用	
	滚动直线导套(直线轴套等)	滚动轴承	轴	
	滚动花键套	滚动轴承	与专用轴配套使用	
	滚动直线导轨(直线导轨等)	滚动轴承	与专用导轨配套使用	
回转	轴承	滚动轴承	轴	
直动、回转	滑动轴承套	滑动轴承	轴	

图 4-1 导向机构

2　板式导轨

板式导轨的结构最为简单，通过将两块板材分别钣金加工成凹形件，然后组装在一起，并在其间塞入钢球而制成（见图 4-2）。板式导轨结构紧凑、价格便宜，适合精度要求不高、负载较轻的导向。比如桌子抽屉的滑动部分就使用了板式导轨。

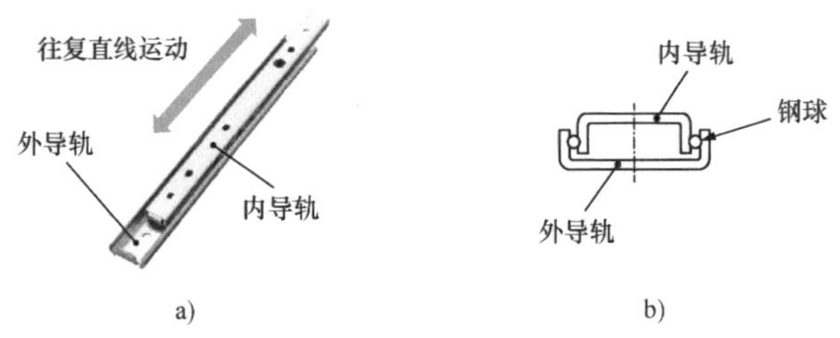

图 4-2　板式导轨

a）外观　b）截面构造

3　滚动直线导套和滚动花键套

滚动直线导套只能用于往复直线运动，而不能用于旋转运动。滚动直线导套的构造是钢球在保持器中沿着运动方向滚动。因为钢球在运动中的摩擦很小，因此很适合高精度定位。不同厂商对滚动直线导套的称谓不同，有直线轴套、直线运动轴承等。

滚动花键套的轴上有沟槽，通过将钢球嵌入沟槽中来限制回转运动。滚动花键套与花键轴配套使用。如果想让没有止转功能的滚动直线导套不回转，只能将两个滚动直线导套副并排平行安装使用。而如果使用这种带止转功能的滚动花键的话，只使用一个就可以了，如图 4-3 所示。

4　滚动直线导轨

滚动直线导轨的结构是滑块在专用轨道上做往复直线运动（见图 4-4）。因为这也是依靠钢球的滚动实现，所以滚动直线导轨适用于高速、高精度、重载场合下的定位。滚动直线导轨也被称为 LM 导轨或直线导轨。

外筒
钢球
保持器
钢球嵌入沟槽
无沟槽则为滚动直线导套副
有沟槽则为滚动花键副
往复直线运动
钢球
沟槽
a)
b)

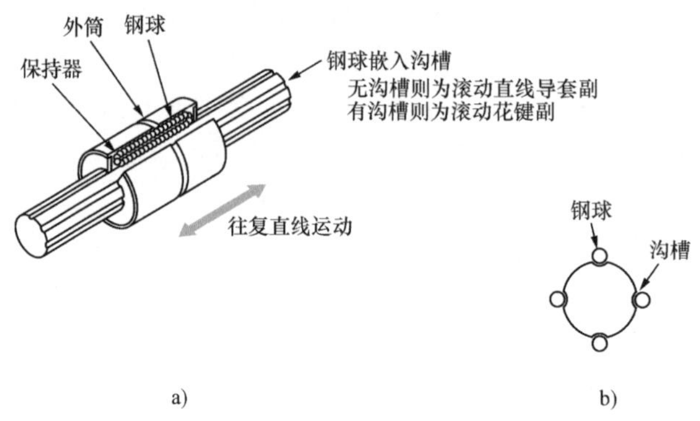

图 4-3　滚动花键副

a）内部构造　b）轴截面（有沟槽）

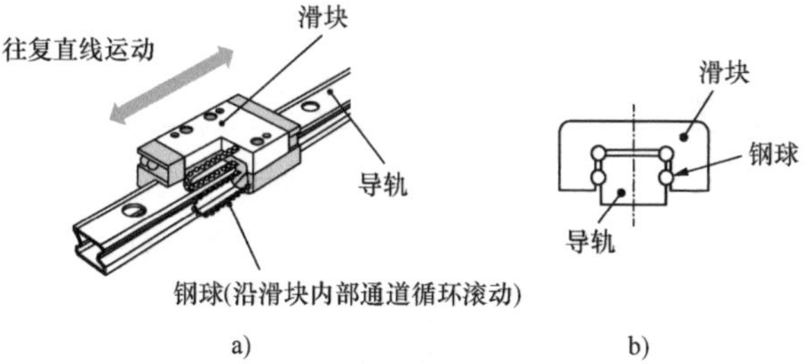

滑块
往复直线运动
导轨
钢球(沿滑块内部通道循环滚动)
滑块
钢球
导轨
a)
b)

图 4-4　滚动直线导轨

a）内部构造　b）截面构造

4.2 回转运动导向机构

1 轴承

滚动轴承靠钢球滚动而减小了摩擦，同时入手价格便宜。滚动轴承机构简单，它由外圈、内圈、钢球、保证钢球位置的保持架组成。径向轴承承受垂直于轴的力，止推轴承承受轴向力。这些轴承的规格由 JIS 的标准规定并有对应的编号表示。轴承的编号是通用的，与制造商无关。

2 轴承的种类

滚动轴承的主要类型包括可承受径向力的深沟球轴承、圆柱滚子轴承、滚针轴承，可承受轴向力的推力球轴承，以及可承受径向和轴向两个方向力的角接触球轴承（见图 4-5~图 4-8）。

受力方向	种类	特点
径向	深沟球轴承 圆柱滚子轴承 滚针轴承	应用最广 承载力大 使用比圆柱滚子更细的滚针
轴向	推力球轴承	承受轴向力
径向+轴向	角接触球轴承	能同时承受径向力和轴向力

图 4-5 轴承的种类

深沟球轴承是最常使用的轴承，除了径向力之外，它也可以承受一定的轴向力。由于钢球与轴承内、外圈是点接触，摩擦小、噪声低，适合高速旋转的场合。用圆柱滚子代替钢球的轴承是圆柱滚子轴承。因为是线接触，圆柱滚子轴承能承受更大的外力。在圆柱滚子轴承的基础上使用更细的滚针就是滚针轴承了。因为滚针数量多，滚针轴承也能承受很大的力，同时还有外径小的特点。

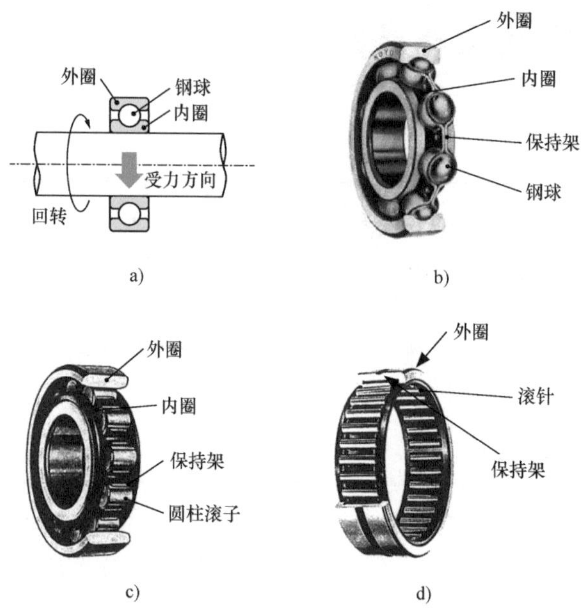

图 4-6　径向轴承

a）径向　b）深沟球轴承　c）圆柱滚子轴承　d）滚针轴承

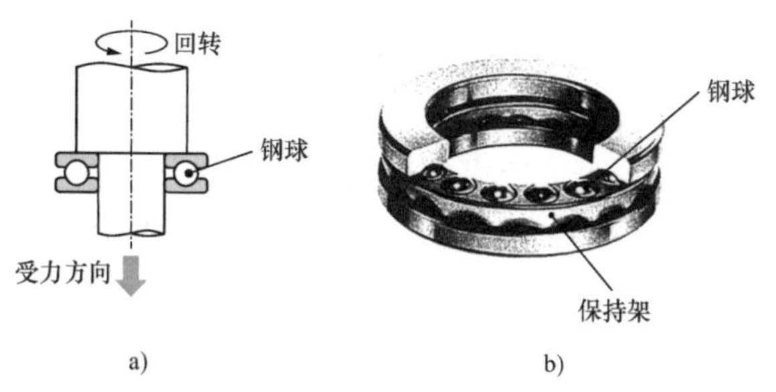

图 4-7　推力球轴承

a）轴向　b）推力球轴承

推力球轴承用于需要承受轴向力的场合。

角接触球轴承可以通过使钢球具有接触角来承受径向和轴向上的力。如图 4-8b 所示，通常将两个角接触球轴承成对安装。

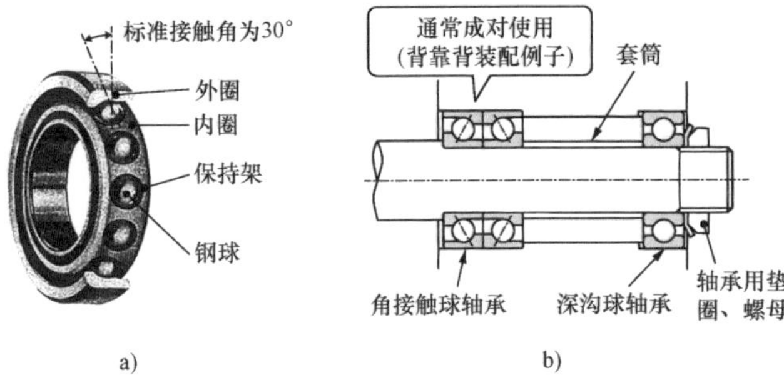

图 4-8　角接触球轴承

a）角接触球轴承　b）角接触球轴承和深沟球轴承的使用示例

3　轴承内圈和外圈的配合

轴承的外圈与容纳外圈的壳体间的配合，以及轴承内圈与轴之间的配合形式，取决于施加力的方式。当力的方向固定，内圈旋转，外圈静止时，内圈用过盈配合，外圈用间隙配合。反之，如果内圈是静止的，外圈是旋转的，则内圈是间隙配合，外圈是过盈配合。

厂家产品目录中会详细介绍此配合设计的条件。

4　轴承安装方法

轴承的安装方法包括用专用垫圈和螺母固定内圈法、外圈固定法，以及通过利用 C 型弹性挡圈固定法等方法（见图 4-9）。固定位置的详细尺寸记载在厂家产品样本中。

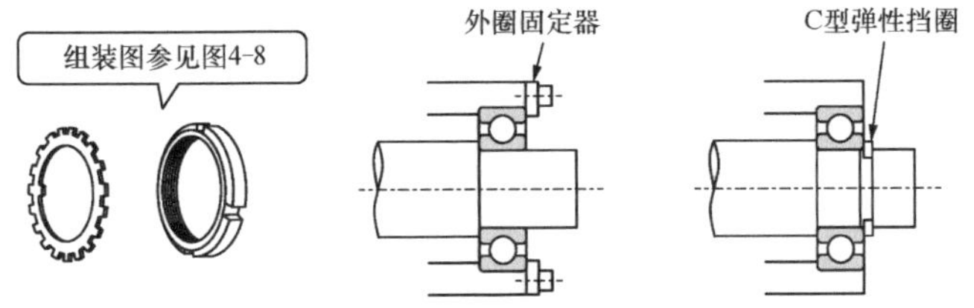

图 4-9　滚动轴承的安装方法

5　滑动轴承轴套

滑动轴承唯一接触的面就是轴套（见图 4-10）。它适用于应对较大载荷和冲击力的情况。因为金属或树脂材料浸渍了润滑剂，所以轴套可以无油使用。

带轴套的轴承不仅可以进行往复直线运动，还可以进行旋转运动，衬套的外径通过过盈配合固定。轴套的特点是厚度只有 1mm 左右，因为其内部没有钢球。

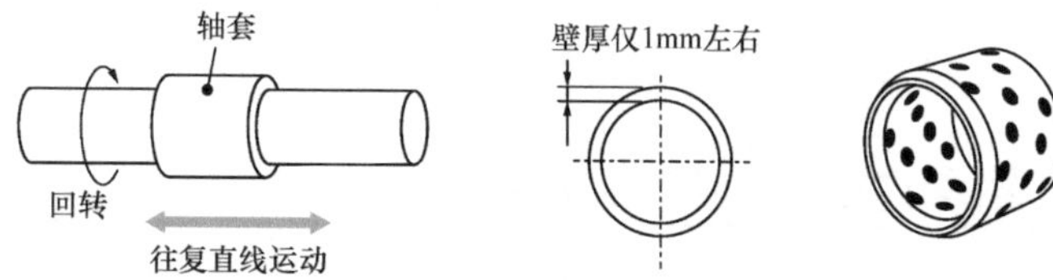

图 4-10　滑动轴承轴套

4.3 弹簧

1 弹簧的特征和用途

无论何种材料，在受到外力作用时都会发生变形。当取消外力后，就可恢复原状的变形称为弹性变形，不能恢复原状的变形称为塑性变形。弹簧是利用弹性变形的机械零件。弹簧利用了以下弹性变形的特点：

1）利用受力与变形的关系（如可拉伸或压缩的机械部件）。

2）缓和冲击（如缓冲器之类）。

3）利用弹簧的复原力（如钟表的发条）。

弹簧有很多种类，但经常使用的是将线材缠绕成螺旋状的圆柱螺旋压缩弹簧、圆柱螺旋拉伸弹簧和圆柱螺旋扭转弹簧（见图 4-11）。

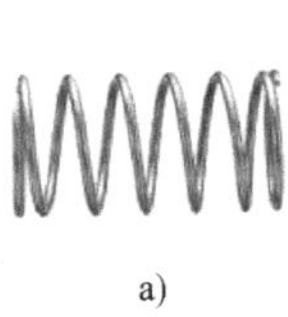

a)

b)

c)

图 4-11 弹簧的种类

a）圆柱螺旋压缩弹簧 b）圆柱螺旋拉伸弹簧 c）圆柱螺旋扭转弹簧

2 弹簧选型的要点

过去，因市面上能买到的弹簧不多，设计者常常需要自己设计弹簧。现在，市面上有各种各样价格低、交货时间短的弹簧可以买到。下面介绍弹簧选型的要点。

弹簧选型时最重要的参数是弹簧的强弱程度，定量表示为弹簧的弹簧刚度，单位为 N/mm。这个数值越大，弹簧就越不容易变形。

还有几个重要参数，包括自由长度，即不受力时的总长度，以及允许的最大变形量，称为全变形量。

3 圆柱螺旋压缩弹簧

圆柱螺旋压缩弹簧是一种从不受力状态经压缩后可以产生复原力的元件（见图 4-12）。

压缩力大小（N）= 弹簧刚度（N/mm）×弹簧变形量（mm）。因为弹簧在弹簧线圈完全贴合以后就不能再继续压缩，这个压缩量称为全变形量，是一个在厂家产品样本中可以查到的参数。

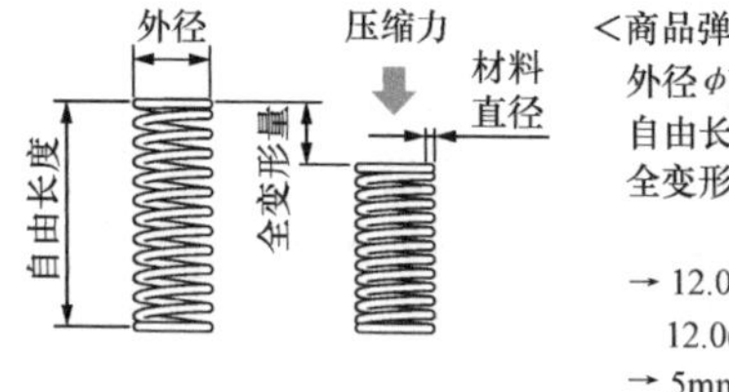

<商品弹簧示例>

外径φ12mm、材料直径φ1.0mm

自由长度40mm、弹簧刚度1.0N/mm

全变形量16mm

→ 12.0N的外力施加后：

12.0(N) / 1.0(N/mm)=12mm的变形产生

→ 5mm变形量的形成：

1.0(N/mm)×5mm=5.0N的力要施加

图 4-12　圆柱螺旋压缩弹簧

4 圆柱螺旋拉伸弹簧

与圆柱螺旋压缩弹簧相反，圆柱螺旋拉伸弹簧是利用由拉伸产生的复原力来工作的（见图 4-13）。为方便拉伸，圆柱螺旋拉伸弹簧的两端制成钩环的形状。

此外，当圆柱螺旋拉伸弹簧开始产生拉伸变形时的拉力大小被称为初始张力（单位为 N），低于初始张力的力不会使弹簧发生变形。

拉伸力的大小(N)= 弹簧刚度(N/mm)×弹簧的变形量（mm)+初始张力(N)。

使用时要注意的是，如果拉伸量超过厂家产品样本中给出的全变形量，则会发生塑性变形，弹簧就无法恢复原状了。

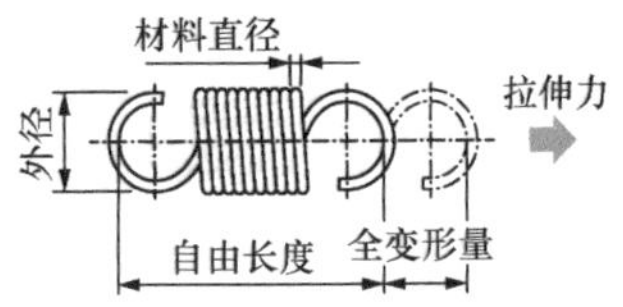

＜商品弹簧示例＞
外径 ϕ10mm、材料直径ϕ1.4mm
自由长度30mm、弹簧刚度5.6N/mm
最大变形量6.5mm、初始张力12.8N

→30N的外力施加后：
(30−12.8)N/5.6(N/mm)
=3.1mm的变形产生
→5mm变形量的形成：
(5.6N/mm×5mm)+12.8N
=40.8N的力要施加

图 4-13　圆柱螺旋拉伸弹簧

5　弹簧选购的窍门

虽然弹簧可以由上述公式来计算选型，但机器在组装完成后，会有可动部件的运动阻力误差以及弹簧本身的制造误差等的影响，往往导致难以实现预想的机械动作。因为弹簧很廉价，往往只有100~200日元，因此在选购弹簧的时候，除了所需要弹簧刚度的弹簧之外，刚度大些和小些的也各购买1个，共3个，实际装配时结合实物试着选用，不失为一种好的解决方法。

此外，如果想增加圆柱螺旋压缩弹簧的压缩力，可以通过插入平垫圈或垫片，来作为现场调节弹簧变形量的一个手段。

4.4 其他机械零件

1 凸轮随动器和滚子轴承随动器

凸轮随动器和滚子轴承随动器都应用在需要外圈滚动的场合(见图 4-14)。为承受重载和冲击载荷，其外圈的壁厚均做得较厚，是与输送机辊子或凸轮外廓发生接触的零件。

随动器外圈既有线接触的圆柱形的，也有点接触的球面形的。带有轴的是凸轮随动器，不带轴的是滚子轴承随动器。

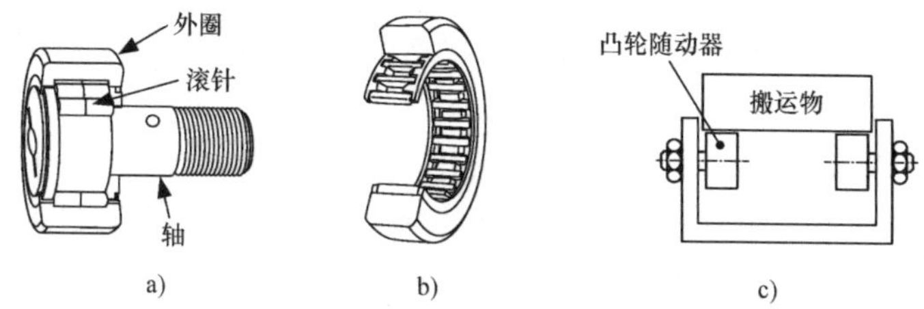

图 4-14 凸轮随动器和滚子轴承随动器

a）凸轮随动器 b）滚子轴承随动器 c）辊子输送机的使用示例

2 轻松搬运的钢珠滚轮

在工作台面上滑移重物时会因摩擦力大而感到费力。如果在可回转的钢球上滑移重物的话，会大大降低摩擦力，从而使操作变得很轻松。钢珠滚轮就有这样的功能（见图 4-15）。因为是点接

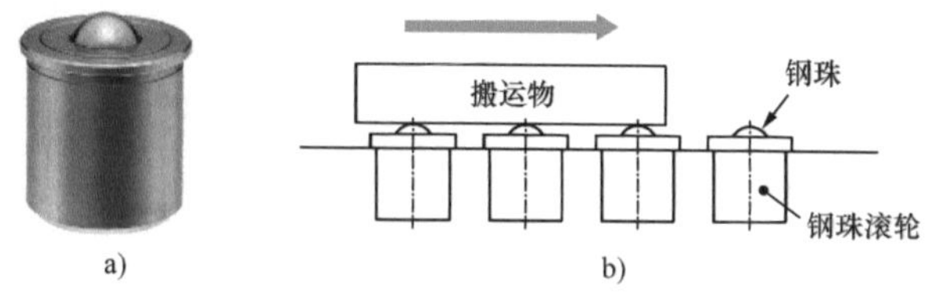

图 4-15 钢珠滚轮

a）外观 b）钢珠滚轮的使用示例

触，所以无论朝哪个方向移动都可以，常用于输送机或操作台。

另外，通过通断压缩空气，可以使钢珠上下移动的气流上浮式钢珠滚轮也有商家出售。

3 装有弹簧的球头柱塞

在构造上，将前述的钢珠滚轮加入弹簧就形成球头柱塞（见图 4-16）。用力压钢球时钢球会下沉，利用这一特性，可以用钢球压住物体，也可以通过在物体上制作凹坑来实现定位。

依据钢球大小、伸缩量、弹簧强弱（弹簧刚度）的不同，球头柱塞有各种各样丰富的品种。

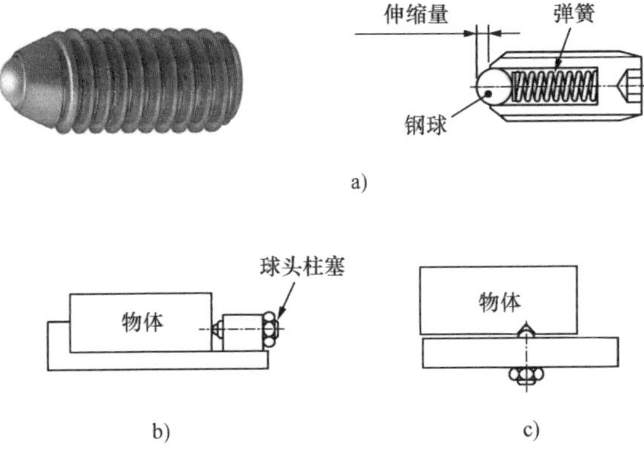

图 4-16 球头柱塞

a）外观和内部构造 b）压住物体的示例 c）凹坑定位的示例

4 缓冲器

缓冲器具有缓和冲击的功能（见图 4-17a 和 b）。汽车里就装有缓冲器，以应对凸凹不平的路面，提高乘坐舒适性。

当用限位器定位时，可能发生因高速冲击导致回弹的情况。此时，使用缓冲器承受冲击，就可以实现软停止。除了液压缓冲器以外，构造简单的弹簧缓冲器也广泛应用。

5　O 形密封圈

O 形密封圈用于气体或液体的密封。截面为圆形，外形除了圆形外还有矩形的。O 形密封圈嵌入沟槽内，通过稍加压缩以防产生间隙，用于防止空气、瓦斯、水、液压油等的泄漏（见图 4-17c 和 d）。

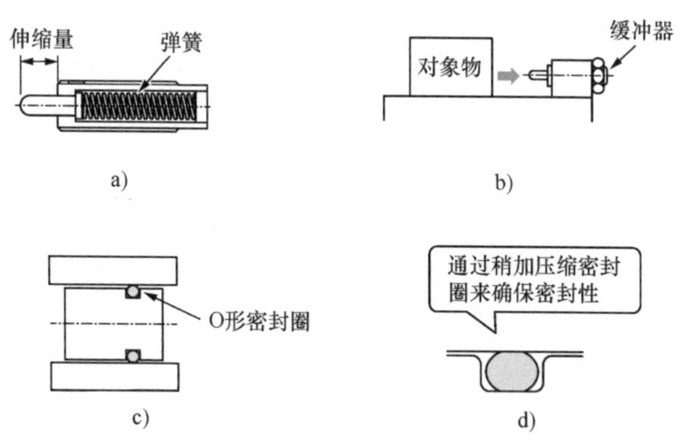

图 4-17　缓冲器和 O 形密封圈

a）缓冲器的构造　b）缓冲器的使用示例

c）O 形密封圈的使用示例　d）O 形密封圈的密封性

6　调节脚支撑、脚轮和吊环螺栓

调节脚支撑用来支撑机械的机体（见图 4-18）。因生产现场地面往往不是水平的，调节脚支撑可用来调节水平或调节高度。

机体是否水平，可以通过在机体上放置水平仪来确认。水平仪是在液体中封入气泡，当倾斜时气泡偏向一侧，当水平时气泡处于正中间，是结构简单、使用方便的测量器具。

为方便机体移动，常在机体下面四角布置脚轮（见图 4-18）。虽然可以使用带刹车的脚轮，可是更常用的方法是，用脚轮移动到位后，使用上述调节脚支撑使脚轮离地来固定位置。市场可以买到带调节脚支撑的脚轮套件。

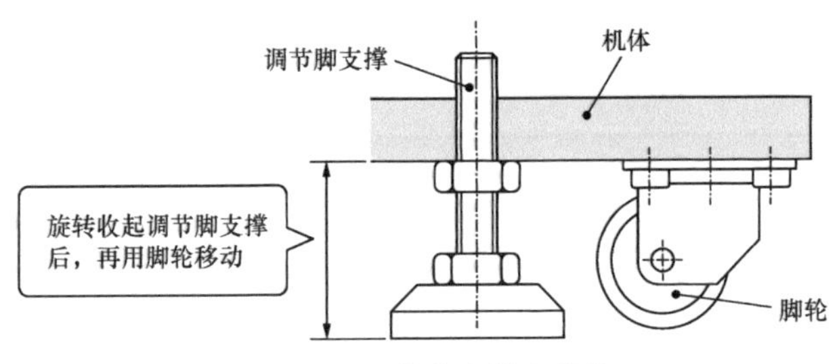

图 4-18　调节脚支撑和脚轮

对难以在地面滚动的部件，只能将它们吊起来移动。这类机器需要在顶部安装环形的吊环螺栓。为确保安全，不管吊运时有几个吊环螺栓参与承重，每个吊环螺栓都要求具备能单独吊起整机的承重能力。

4.5 送料用零部件

1 零件排列形态

向装配机器或检查机器传送零件时，有两种零件排列形态：一种是不分正反和朝向的不整排列形态；另一种是正反和朝向在容器内整齐排列的形态，这样的容器有托盘、带卷盘、包装管等（见图4-19）。

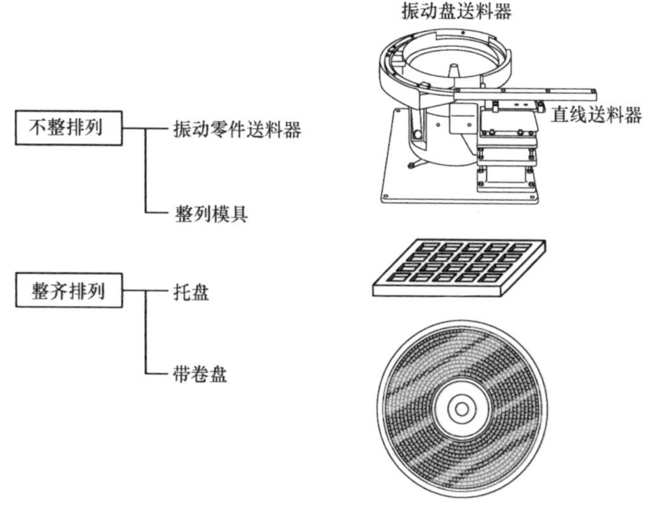

图4-19 零件排列形态

2 自动整列送料器

自动整列送料器可以将零件由正反和朝向散乱的不整排列状态整理为整齐排列状态，有振动零件送料器和整列模具两种方法。

振动零件送料器通过给零件施加微小振动，可以在输送零件的同时整理零件的正反和朝向，也就是同时具有［送料+区分正反+区分朝向］的功能。这一振动较为特殊，是沿着零件传送通道面，朝着斜前方向振动的。零件被沿着斜前方向抛出，自然落下后就前进了一步（见图 4-20）。此外，通过在零件传送通道面和侧面设置一些凹凸形状，也可实现送料的同时正反和朝向的整理。

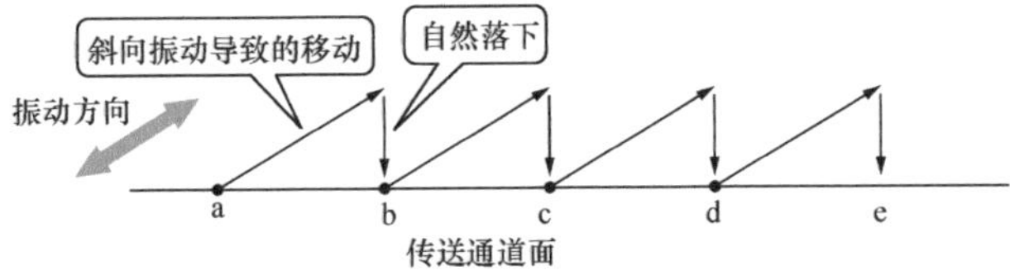

图 4-20 振动零件送料器的送料原理

3 振动盘送料器和直线送料器

振动零件送料器有振动盘送料器和直线送料器两种。振动盘送料器呈螺旋的碗形，将零件杂乱地投入其中，零件就会沿着螺旋上行的通道，一边向上运动一边进行区分。姿态不对的零件会被区分出来掉落下去，再重新开始上升。其中螺旋通道面的研制，是生产厂家有技术秘诀的部分。

此外，直线送料器是以相同的振动原理直线输送零件。它不进行正反和朝向的排列整理工作，只是给机械直线送料。一般振动盘送料器和直线送料器是合在一起的，需要订制生产的。

4 利用凹凸形状的整列模具

例如，在板的表面上制作出凹凸形状。在其上投入零件，使零件振动起来，从而使其上的零件正反朝向对齐，这就是整列模具（见图 4-21）。有自动振动的，也有需要手动摇晃木板的。与振动零件送料器相比，整列模具的价格更便宜，更容易安装。

整列模具的一个问题是填充率。大家都希望全部的凹凸部分都能与零件卡在一起，但在实际操作中无论如何也会出现没卡齐的状态。要提高填充率，关键在于凹凸的形状以及振动的方向。

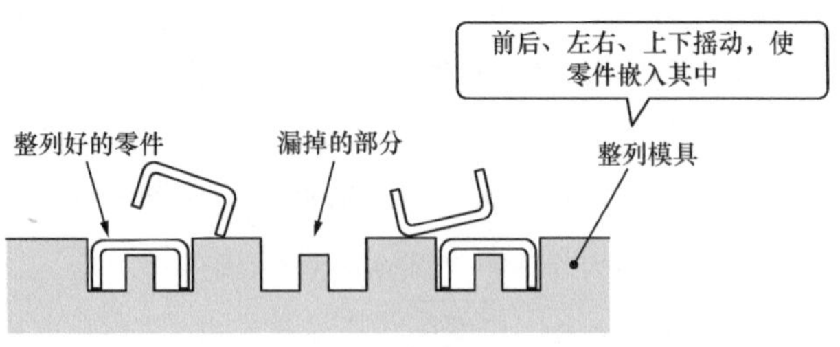

图 4-21　整列模具的例子

5　在整列状态下供货

在整列状态下供货是指将零件的上下和朝向事先排列整齐供货，能便于后续工序使用。将零件收纳在托盘、带卷盘、包装管等内，再直接顺次取出供应给机械。如果当零件全部取出后，能自动交换下一个收纳容器，这样就能完成长时间的无人自动送料。

第 5 章

驱动元件

5.1 通用电动机

1 什么是驱动元件

驱动元件是将能量转换为机械运动的装置，主要有使用电能的电动机和使用流体能的驱动缸（见图 5-1）。

电动机可以控制速度、加速度和停止的位置，适用于高精度运动，因而广泛用作机器人、机床和家用电器的驱动装置。

此外，驱动缸有利用气压的气缸和利用油压的液压缸。与电动机相比，驱动缸的机构更简单，更容易控制，输出功率更大，因此被广泛应用于各种机器中。但由于油压和气压在家庭中难以得到，所以不会应用在家电产品上。

接下来，让我们从电动机开始介绍。

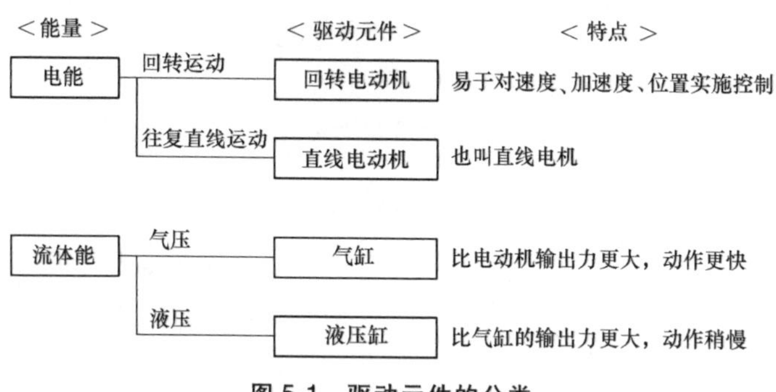

图 5-1 驱动元件的分类

2 电动机的分类

按运动方向分类，电动机可分为回转电动机和直线电动机（见图 5-2）。通常情况下，直线运动是利用回转电动机和滚珠丝杠的组合来实现的，但也有不使用回转电动机，而直接使用直线电动机的情况。

电动机有两种用法，一种是“速度控制”类型的，应用于如电风扇那样连续回转，只有调速要求而无定位精度要求的场合；另一种是“速度控制+定位控制”类型的，应用于如机器人或机床那样需要反复起停，且有很高定位精度要求的场合。

在电源方面，分为直流电驱动的直流电动机（DC 电动机）和交流电驱动的交流电动机（AC 电动机）。直流电动机用的电源通常以 12V、24V 这一类的电池供电为主流，笔记本电脑等很多家用电器都使用直流供电。还有些固定使用的产品需要通过交流适配器将 100V 的交流电转换为直流供电（日本很多地区供电为 100V 交流电）。工厂的供电大部分都是 200V 交流电。

方向	控制	电源	电动机种类	特点
回转	速度控制	直流	直流电动机 无刷直流电动机	通用产品 使用寿命长
		交流	交流电动机	通用产品
	速度控制 + 定位控制	直流、 交流	步进电动机 伺服电动机	开环 闭环
直线运动	速度控制 + 定位控制	交流	直线电动机	只能做往复直线运动

图 5-2　电动机分类

3　直流电动机

在磁铁之间放置可以自由旋转的通电线圈，根据弗莱明左手定则，会有电磁力产生。直流电动机利用这种电磁力使线圈产生旋转。由于当线圈转过 90°时，电流的方向发生变化，电磁力的方向也会发生逆转，所以在旋转一半时改变线圈内的电流方向，可以使线圈实现连续旋转。旋转线圈两端的换向器通过与固定电刷接触来提供直流电源。

线圈的旋转速度可通过改变电压来控制，旋转方向则通过改变电源的极性来控制。直流电动机可以获得较高的转速，相对应的是，当在需要较大转矩的场合中使用时，则需要与减速装置结合使用。

直流电动机的缺点是电刷和换向器经常接触旋转，电刷会产生磨损。因此在使用几千小时后就要更换电刷。除此之外，由于会有产生电火花的风险，直流电动机不能在有易燃气体的环境中使用，火花产生的噪声也可能影响精密仪器的精度（见图 5-3a）。

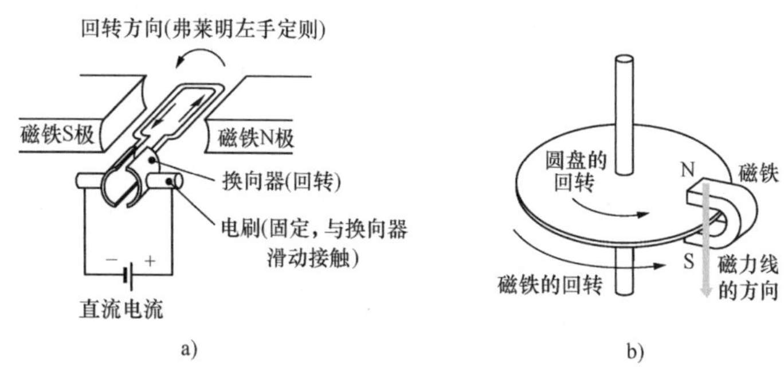

图 5-3 直流电动机和交流电动机的原理

a）直流电动机的原理 b）交流电动机的原理

4 无刷直流电动机

无刷直流电动机弥补了之前介绍的直流电动机的缺点。所谓无刷，指的是电动机中无电刷。无刷电动机利用了电子电路的构造来代替电刷与换向器改变电流的方向。比起普通直流电动机，无刷直流电动机消除了电刷磨损和产生火花的问题，不需要维护，重量更轻，发出噪声的可能性也更小。因为这些优点，无刷直流电动机在家用电器中广泛使用。

5 交流电动机

如图 5-3b 所示，当磁铁相对导体圆盘旋转时，圆盘也会沿与磁铁相同的方向旋转。这是磁铁的移动在导体圆盘中产生了涡流，磁铁的磁通量和涡流之间相互作用而产生的现象。交流电动机是一种不通过磁铁，而是通过交流电产生旋转磁场来驱动导体回转的结构，这种结构叫作感应电动机。

每台电动机的转速和转矩都是预先设定的，基本的使用方法是用恒定的速度连续回转。在需要改变速度的场合里要通过使用变频器来改变频率。因为交流电动机不需要像直流电动机那样改变电流的方向，它就不需要电刷和换向器。它的结构由产生磁场的定子、作为旋转轴的转子和框架组成，输出功率高、价格低、故障少、寿命长。

根据电源的不同，单相 100V 电动机用于家用电器的真空吸尘器等，而三相 200V 电动机用于工厂等的机床和生产设备。

家用电风扇既有使用直流电动机的规格也有使用交流电动机的规格。从制造商产品目录中发现不同电子产品的区别也是个有趣的过程。

5.2 定位控制电动机

1 两种定位控制

在介绍步进电动机和伺服电动机之前，我们需要先来看看控制位置的方法。控制设备指示电动机转数和停止位置等目标值。此时只发出指令的单向控制称为开环控制（见图 5-4a）。开环控制虽然反应速度很快，但无法确认是否真的完全符合目标值。它的弱点是容易受到噪声等干扰因素的影响。

与之相对的是闭环控制（见图 5-4b），闭环控制可以检测输出，确认其是否符合预期，如果存在差值则控制设备会重复指示，直到与目标值的差异消失，从而获得更高的精度，闭环控制也称为反馈控制。

步进电动机用于开环控制，伺服电动机用于闭环控制。

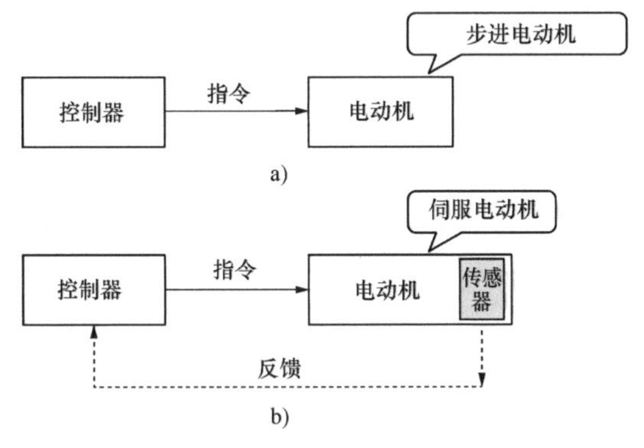

图 5-4 定位控制方法

a）开环控制 b）闭环控制（反馈控制）

2 步进电动机概述

步进电动机通常用于打印机纸张输送或空调风向转换的驱动

器。由于电动机的开关操作是由重复的脉冲信号驱动的，因此步进电动机也称为脉冲电动机。一个脉冲指令下旋转的角度称为步进角，每个电动机的步进角被确定为0.72°或1.8°。

电动机的旋转角度=步进角×脉冲数，所以想令步进角为0.72°的步进电动机旋转180°，就需要至少250个脉冲信号。这里的步进角是最小的目标精度。

电动机每分钟的回转次数即电动机的转速（r/min）=步进角/360°×脉冲速度（Hz）×60，脉冲速度指的是每分钟的脉冲次数。

整个步进电动机系统由步进电动机、驱动器和控制器组成（见图5-5）。起动信号从可编程控制器等控制设备进入控制器，控制器将需要的旋转量和转速以脉冲信号的形式发送给驱动器。步进电动机是由从驱动器向电动机发送的与脉冲信号相对应的电流来驱动的。

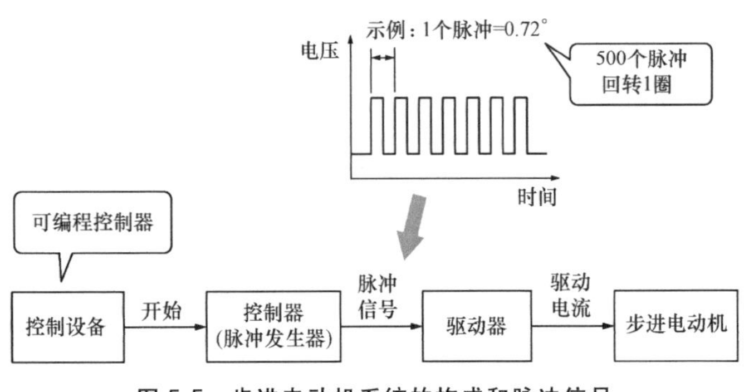

图5-5　步进电动机系统的构成和脉冲信号

3　步进电动机的特点

步进角越小的电动机，定位精度越高，由于步进电动机为开环控制，响应性也越好，速度控制也越容易。此外，由于旋转过程没有互相接触的部分，所以使用寿命长，停止时有很大的位置保持力，也就是说即使从外部施加一定程度的力也不会使转子偏离，它还有一大优点是不用机械制动。但是，由于停电时电动机的保持力消失，因此出于安全考虑，当步进电动机应用在升降机构等场合时，应考虑选用带有电磁制动器的规格。

另一方面，由于电动机的转矩较小，线圈在旋转时不是连贯的，而是像时钟的秒表一样每个脉冲旋转一次，因此会产生轻微的振动。除此之外，由于是开环控制，当从外部施加一定值的大力时，步进电动机会偏离目标值；还有为了保证保持力，线圈即使在停止的时刻，内部也有电流流过，因此容易产生热量。

4 高精度的伺服电动机

由于伺服电动机采用闭环控制，它适用于要求高速、高精度重复起停的场合。为了能够快速加速和快速减速，伺服电动机在设计时减小了转子的直径以降低惯性，同时又采取了加长转子等方式来获得高转矩。由于电流的差异，伺服电动机又分为直流用的直流伺服电动机和交流用的交流伺服电动机，电动机内部的结构是在前面介绍过的直流电动机和交流电动机中内置传感器的结构。

由于直流伺服电动机具有电刷和换向器接触的结构，所以需要维护。而交流伺服电动机就没有这个问题，因为消除了电刷，交流伺服电动机不需要维护，并且由于绕组密度更高和磁体特性更好，交流伺服电动机实现了更小的尺寸。目前，生产中广泛应用的是交流伺服电动机。

5 直线电动机

一般如果想得到往复直线运动，会将电动机与滚珠丝杠组合使用，或像电梯一样利用电动机将钢丝绳卷绕起来从而得到上下直线运动。而对于直线电动机可以不通过回转运动，直接产生往复直线运动。

直线电动机的原理和回转电动机是相同的，但当回转的直径无限大时，末端的点所做的运动也趋近于直线运动。男士在日常生活中经常使用的剃须刀就使用了这种电动机。

6　各种电动机的特点

以上介绍的各种电动机的特点和应用，如图 5-6 所示。

	直流电动机		交流电动机		步进电动机	伺服电动机	
	直流电动机	无刷直流电动机	单相电动机	三相电动机		直流伺服电动机	交流伺服电动机
电源	直流	直流	交流	交流	直流或交流	直流	交流
体积	小	小	大	中～大	中	小	小～中
速度范围	广	广	窄	广	广	窄	中
响应性	普通	普通	差	差	普通	好	好
寿命	短	长	长	长	长	短	长
价格	便宜	普通	便宜	便宜	普通	贵	贵
特点	低价	长寿命	低价	通用	定位	高性能	高性能
应用示例	家电、电动工具	家电	洗衣机、吸尘器	气泵、空调	家电	打印机、机床	气泵、机床

注：体积是在相同功率间进行比较的。

图 5-6　各种电动机的特点

5.3 驱动缸

1 流体驱动缸的特点

与前面提到的电动机相比，利用流体的驱动缸可以获得更大的输出功率，有利用气压的气缸和利用油压的液压缸。

气压和油压最大的差别在于提供的压力大小的差别。一般气压为0.5MPa（约5kgf/cm^2）左右，而油压为3～20MPa。因为油压的压力是气压的数倍，液压缸能输出更大的功率。液压缸不适合高速运动的场合，但由于油没有压缩性，适合应用在需要高精度控制的场合，比较适合机床和工程机械等场合。液压缸不用水而用油作为流体，是因为水容易蒸发，而且没有润滑效果，还会使设备生锈。

与靠油循环的液压缸相比，气缸可以将用过的空气排放到大气中，因此机构相对简单，维护方便。不过由于空气具有可压缩性，气缸在对精度有很高要求的场合下不太适用。装配机械和检查机械等机器一般使用气压，所以从这里开始以气压为对象进行介绍。

2 气动系统的构成

气缸的气动系统由空气压缩发生器和机器中的气动设备组成(见图5-7)。前者由压缩空气的压缩机、储存压缩空气的气罐和除去水蒸气的干燥器构成。它们安装在工厂的一个或多个地方，并通过管道分配给每台机器。

分配的压缩空气通过空气过滤器和调节器进入机器。空气过滤器去除压缩空气中的细小颗粒和灰尘，调节器调节压缩空气的压力。

接下来，通过电磁阀来切换流经气缸的压缩空气的方向，通过速度控制器来调整气缸的动作速度，然后与气缸连接在一起。

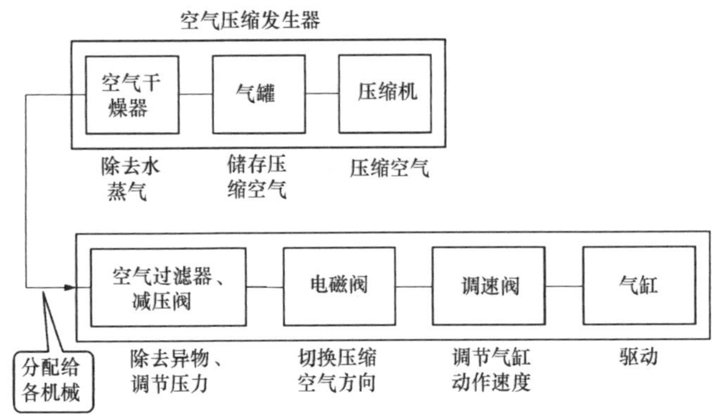

图 5-7　气缸气动系统的构成

3　气压的读取方法

压力在国际单位制下用 MPa（兆帕）表示。与 kg 的换算关系是 $1MPa = 10.20kgf/cm^2$，为了方便计算，通常粗略计算成 $1MPa \approx 10kgf/cm^2$。

可以通过以大气压为基准得到的表压，或以完全真空为基准的绝对压力来表示气压。一般来说，气压都用表压的方式表示，制造商目录中也用表压表示。

4　气缸的分类

气缸有单作用气缸和双作用气缸两种结构（见图 5-8）。单作用气缸是利用一个方向的气缸运动来使用压缩空气，再通过内部的弹簧结构回到原位置。在不提供压缩空气的情况下，气缸可能是前进压缩状态，也可能是后退拉伸状态。

虽然配管的构造很简单，但由于使用了弹簧，控制活塞的速度变得困难了，同时弹簧收缩方向的力也会偏小。

因此，通常使用双作用气缸由压缩空气控制前进和后退。

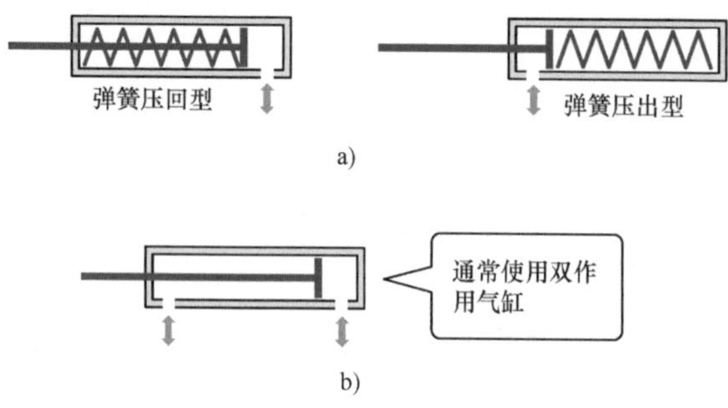

图 5-8　气缸分类

a）单作用气缸（单个方向由气压驱动，回程使用弹簧）

b）双作用气缸（前进、后退都由气压驱动）

5　双作用气缸的动作循环

将活塞和活塞杆等进行前后往复直线运动的部件称为一个活塞组件，将压缩空气的进入和排出口称为连接气口。在图 5-9 后退结束①状态中，连接气口 B 负责进气；而在前进中②状态里，A 口变成进气口。活塞组件到达前端是状态③。在后退中④状态下，进气口重新切换为连接气口 B。以上是双作用气缸的一个动作循环。

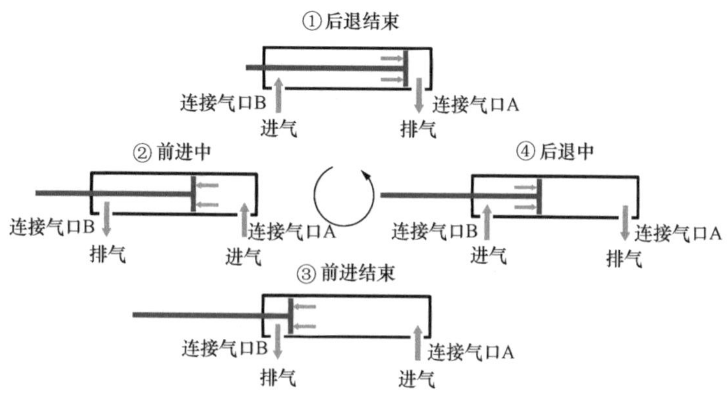

图 5-9　双作用气缸的动作循环

6 气缸推力

前进和后退时所承受的力的大小为［活塞承受压强的面积×空气压强］。在前进时，活塞的整个表面都是承受压强的面积，而在后退时，活塞承受压强的面积少了活塞杆部分，变小了，因此活塞前进和后退时承受的力的大小是不同的（见图 5-10）。假设活塞的直径为 ϕD，活塞杆的直径为 ϕd，则前进时受压面积为 $\pi D^2/4$，后退时的受压面积为 $\pi(D^2-d^2)/4$。

还有，在制造厂商的产品目录中的气缸直径如 ϕ10、ϕ20 都表示活塞直径 ϕD。

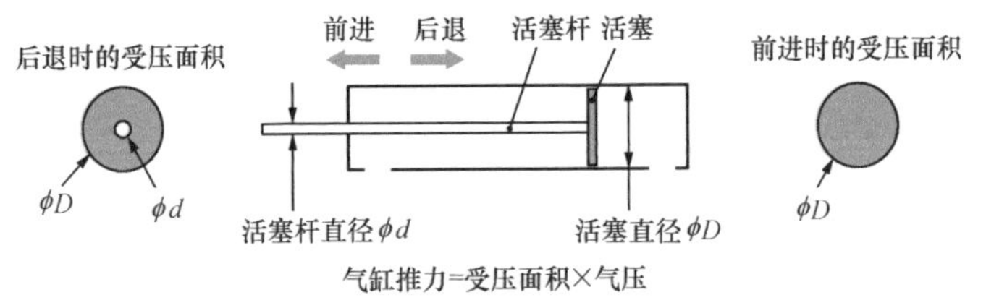

图 5-10 气缸的受压面积

7 气缸直径对应的推力和行程

图 5-11 显示了给气缸供气的每个气压对应的推力。从图中数值可以看出，前进时的推进力比后退时的推进力大。将以 N 为单位的推进力数值除以 9. 8，则可以将其转换为以 kgf 为单位的值。

活塞杆的移动距离称为行程，每种直径的气缸都有多种行程的产品。以直径为 ϕ20 的气缸为例，可以从 25mm、50mm、75mm、100mm、125mm、150mm、200mm、250mm、300mm 中选择行程。

8 摆动气缸

摆动气缸不能 360°连续回转，而是在一定的角度范围内摇摆

气缸直径/mm	缸杆直径/mm	运动方向	受压面积/mm^2	气缸推力/N		
				气压(表压)		
				0.3MPa	0.5MPa	0.7MPa
6	3	前进 后退	28.3 21.2	8.5 6.4	14.2 10.6	19.8 14.8
10	4	前进 后退	78.5 66.0	23.6 19.8	39.3 33.0	55.0 46.2
16	5	前进 后退	201 181	60.3 54.3	101.0 90.5	141 127
20	8	前进 后退	314 264	94.2 79.2	157 132	220 185
25	10	前进 后退	491 412	147 124	246 206	344 288
32	12	前进 后退	804 691	241 207	402 346	563 484

图 5-11　气缸推力

运动。每个气缸的摆动角度都是固定的，一般是 90°、180°、270°，如图 5-12a 所示。摆动气缸有两种类型，一种是在轴上安装叶片的叶片式摆动气缸，另一种是通过与活塞相连的齿条驱动小齿轮的齿轮齿条式摆动气缸。

9　功能型气缸

在之前介绍的气缸基础上加入机械机构类型的气缸，在市场上也有售卖。例如使用两个机械卡爪来夹持物体的气动卡盘或空气手，可以利用空气的压缩性来柔性夹持物体（见图 5-12b）。

此外，由于气缸具有导向机构，气缸的精度和抗负载能力也很优秀。气缸还有多种类型，如图 5-12c、d 所示。

在过去，除了选用气缸之外，使用者还要自行设计线性导向机构，但随着与机械机构一体化的新产品的广泛使用，整个机械结构变得简单起来，缩短了设计时间，节约了成本。

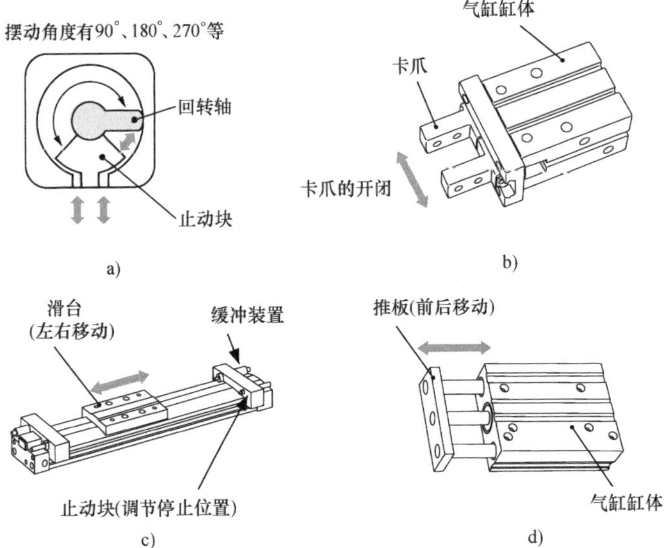

图 5-12 各种气缸

a）摆动气缸 b）气动卡盘 c）无杆气缸 d）带导杆气缸

5.4 电磁阀

1 简介

当电流流过由铜线缠绕成的空心线圈时，线圈会产生磁力，吸引线圈中的铁芯；当电流停止时，铁芯回到原位置。螺线管就利用了这个原理，它也是一种执行器（驱动源）。电磁阀是通过螺线管来移动阀芯进而改变压缩空气的流动方向，通过电磁阀来切换气缸的前进和后退状态。

根据结构和功能的不同，电磁阀有很多分类。我们在这里根据主阀口数、螺线管数和停止位置的顺序对电磁阀进行分类。

2 按主阀口数分类

电磁阀与管道的连接口也可称为阀口，根据主阀口数量的不同，电磁阀可分为二通、三通和五通这几种。

二通电磁阀具有两种阀口规格，一个是用于吸入压缩空气的进口，另一个用于输出压缩空气的出口，通过这个电磁阀可实现进气和出气的切换。

三通电磁阀除了上述进口和出口之外，还有第三个从气缸排气的排气口。三通电磁阀主要用于单动气缸和真空设备中。

五通电磁阀含有一个进口，两个排气口和两个出口共五个主阀口。五通电磁阀主要用于双作用气缸。

图 5-13 显示了三通电磁阀和五通电磁阀在通电和断电时内部压缩空气的流动。

3 按螺线管数分类

使用一个螺线管的电磁阀是单螺线管电磁阀，使用两个螺线管的电磁阀是双螺线管电磁阀。当电磁阀由于停电或故障而断电

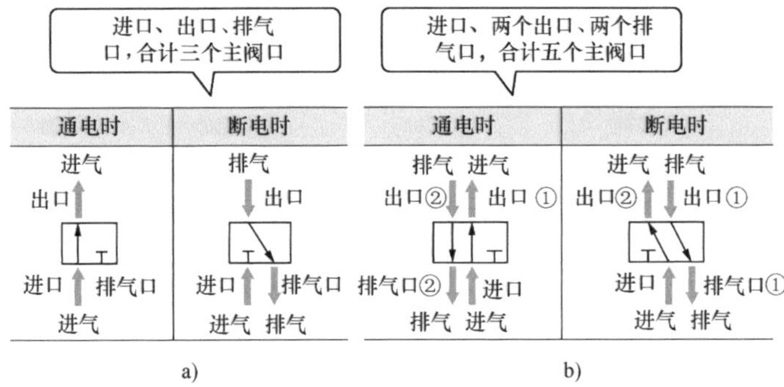

图 5-13 三通电磁阀和五通电磁阀

a）三通电磁阀 b）五通电磁阀

时，单个电磁阀通过内部弹簧的压力来使电磁阀复位。当气缸处于外伸过程中时，由于在断电的瞬间电磁阀复位，根据周围机械机构构造的不同，这种情况可能存在危险。

对于双螺线管电磁阀，由于前进和后退状态都由螺线管切换，所以即使断电，阀中的气流也保持不变。也就是说，如果气缸在外伸状态中停止供电，它会维持这个状态继续外伸。

4 按阀芯的工作位置数分类

除了有前进和后退这两个停止位置的双位电磁阀外，还有图 5-14 所示可以额外在中间位置停止的三位电磁阀。需要说明的是，中间停止并不能准确地停在行进过程中的某一位置。中间位置停止适用于气缸在紧急情况下的急停场合。

增加中间位置停止是为了确保工人的安全，以及避免由于干扰而对机械结构造成损坏。

根据中间停止状态下压缩空气的流动，中间位置可分为用于关闭气缸两个气口的封闭位置、用于排气的中位排气位置和用于进气的中位供压位置。

如上文所述，电磁阀的种类很多，但一般采用规格为五通、单螺线管、双位电磁阀。配管的例子将在后文叙述。

要注意的是，双螺线管电磁阀和三位电磁阀仅在需要的时候采用，因为它们的尺寸更大，价格也更贵。

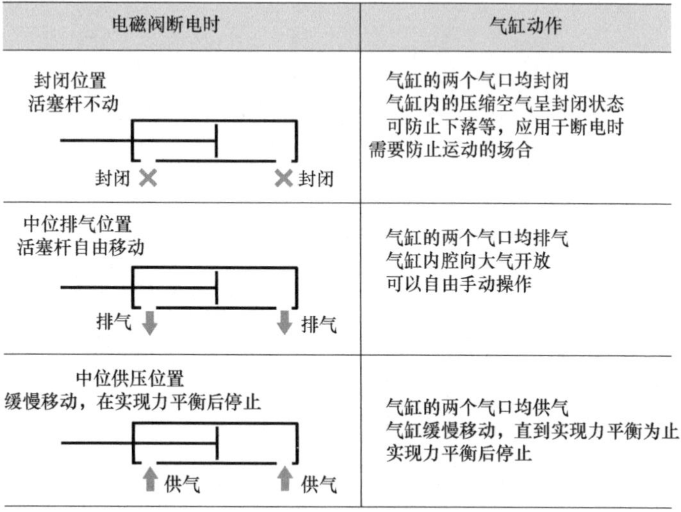

电磁阀断电时
气缸动作
封闭位置
活塞杆不动
封闭
封闭
气缸的两个气口均封闭
气缸内的压缩空气呈封闭状态
可防止下落等，应用于断电时需要防止运动的场合
中位排气位置
活塞杆自由移动
排气
排气
气缸的两个气口均排气
气缸内腔向大气开放
可以自由手动操作
中位供压位置
缓慢移动，在实现力平衡后停止
供气
供气
气缸的两个气口均供气
气缸缓慢移动，直到实现力平衡为止
实现力平衡后停止

图 5-14　三位电磁阀

5.5 气动设备的相关附件

1 消声器和阀岛

电磁阀排出的都是高压空气，如果直接将它们排入大气中，则会产生爆鸣声。因此，我们需要在电磁阀上安装一个叫消声器的消声部件（见图 5-15a）。而在同时使用多个电磁阀的场合下，可以利用并排安装的阀岛（见图 5-15b）。由于提供压缩空气的管道和消声器都可以并排安装在阀岛上，为工人操作提供了很多便利。需要注意的是，在多个电磁阀同时工作的场合下，电磁阀操作的重叠会对阀岛内的气压和流量产生很大的影响，在选择压缩空气的供给管道和消声器的容量时要注意选择规格。

a)

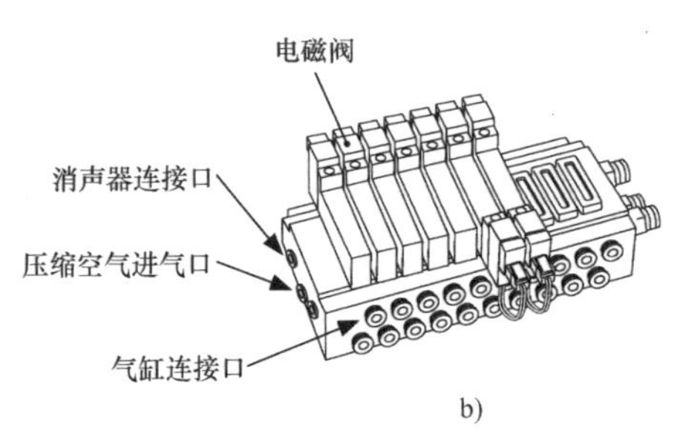

b)

图 5-15 消声器和阀岛

a）消声器 b）阀岛

2 调速阀的构造

调节气缸工作速度的机构是调速阀。调速阀的内部有两条空气通道，一条通道内部空气只能保持同一方向单向流动；而另一条通道的内部空气则可以双向任意流动，但通道内空气的流量受旋钮打开和关闭的影响（见图 5-16）。

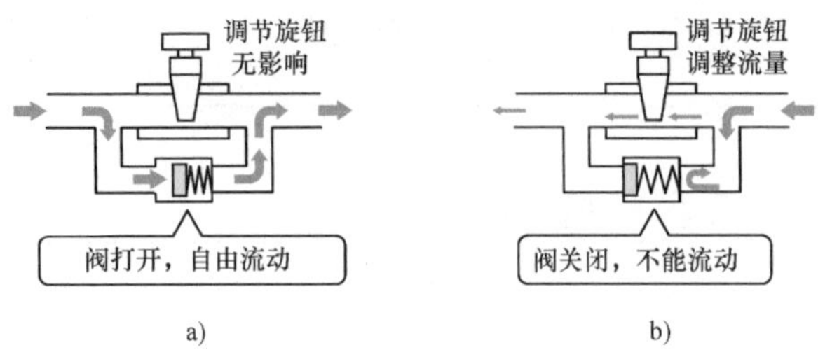

图 5-16　调速阀的构造

a）从左至右是自由流动　b）从右至左是受控流动

3　调速阀的连接方法

调速阀的连接方法有两种，一种是通过调节气缸排气量的排气节流调速，另一种是通过调节气缸进气量的进气节流调速。两种方法下在调速阀和气缸进行连接时，调速阀的朝向有所不同。

由于排气节流调速的气缸运动过程更平稳，速度调整也更容易，因此双作用气缸通常都采用排气节流调速的方式进行配管（见图 5-17）。另一方面，单作用气缸通常使用进气节流调速的方式进行连接。调速阀离气缸的距离越短，应答性越好，最理想的安装方式就是将调速阀直接连接在气缸的气口上。

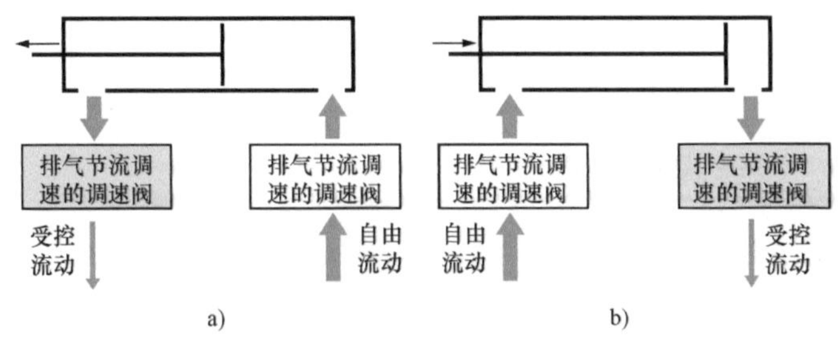

图 5-17　排气节流调速的调速过程

a）前进时的速度调节　b）后退时的速度调节

4 去除异物的空气过滤器

在向机器提供压缩空气时，应先将压缩空气输送到空气过滤器中。在压缩机产生压缩空气和通过管路到达机器的过程中，容易混入细小的异物和水分。空气过滤器就是用来过滤这些物质，以防止对电磁阀和气缸产生不好的影响。一般的空气过滤器的过滤规格为 5μm 级。为了去除更细微的灰尘，市面上也有过滤规格为 0.3μm 级的水雾分离器和过滤规格为 0.01μm 级的微雾分离器。

5 调节压力的减压阀

气压调节器也可以称为减压阀，它是用于降低压缩空气压力的设备。由于空气压缩机安装在工厂的一个固定地方，在多个设备同时使用的情况下，空气压缩机提供的压缩空气压力会下降，这会影响气缸的输出和工作速度。如果在机器的输入口将压力设定为稍低的压力，则可以避免压力波动带来的影响。

例如，当空气压缩机输出的压缩空气的压力为 0.6~0.7MPa 时，可以将减压阀设定为 0.5MPa。因为减压阀和空气过滤器的使用都是必要的，市场上有成组贩卖的情况。

6 传感器和浮动接头

安装在气缸上的传感器用来检测气缸是否按预期进行工作。一般来说，为了确定气缸的伸缩，通常需要使用两个传感器，而且每个气缸都有专用的传感器。

浮动接头的作用是在将气缸活塞杆的前端和部件连接时，将两者的错位吸收并对准。它的作用与第 3 章介绍的连接电动机轴的联轴器相同。

7 配管接头

连接气动系统的各个部件时，需要使用配管接头。由于流体流动需要密闭性，因此使用带锥度的锥螺纹。

锥螺纹的表示方法是，锥形外螺纹用 R 表示，锥形内螺纹用 Rc 表示，后面是尺寸（见图 5-18）。

配管接头有 L 形、T 形等多种形状，为了提高密闭性，要在外螺纹上缠绕密封胶带再拧入。另外，与配管连接使用时要选用易于拆卸的一键式接头或快换接头。

螺纹名称 R外螺纹 Rc内螺纹	外螺纹大径、 内螺纹大径/mm
R1/8 Rc1/8	9.728
R1/4 Rc1/4	13.157
R3/8 Rc3/8	16.662
R1/2 Rc1/2	20.995
R3/4 Rc3/4	26.441
R1 Rc1	33.249

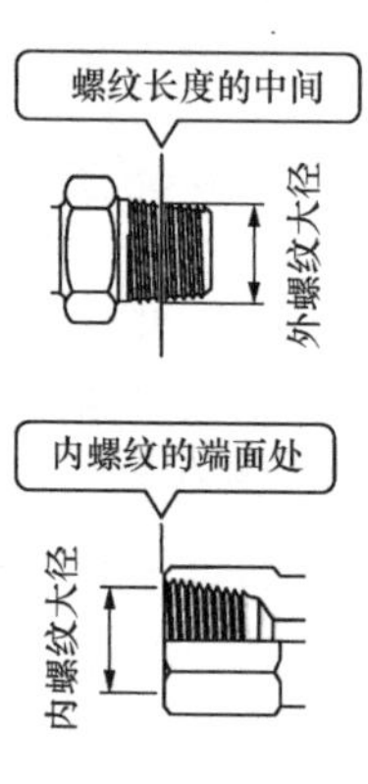

图 5-18　管螺纹尺寸

8　管道

输气管道通常由尼龙或聚氨酯制成，这两种材料柔软易于弯曲，便于在狭小的空间内布置，产品目录中记录的管道直径都是指管道外径。虽然管道尺寸的最优值应该由气缸的尺寸和动作速度来求出，但在实际工作中往往用经验决定。

市面上贩卖的常见外径尺寸有 4、6、8、10、12、16。为了区分，将用于输送压缩空气和真空的管道颜色设为不同，这样既容易分辨又方便。

9　配管示例

通常使用双作用气缸和五通单螺线管、双位电磁阀。双螺线管和三位电磁阀尺寸大，同时价格昂贵，因此仅在必要的场合采用。气缸和电磁阀的配管示例如图 5-19 所示。

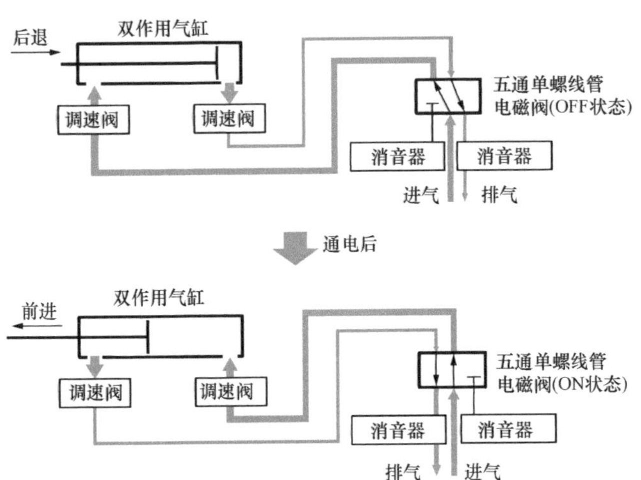

图 5-19　气缸和电磁阀的配管示例

5.6 真空元件

1 真空的用途

当我们需要夹持微小部件或薄片时，依靠机械机构很难夹持它们，同时还存在破坏这些部件的危险。在这种情况下，利用真空就变得十分方便。真空设备结构稳定，同时可以稳定柔性夹持。

2 真空系统的构成

真空系统的构成如图 5-20 所示。用于制造真空环境的真空泵安装在工厂中，从真空泵出发，真空被连接分配到每台机器。此外，在真空使用量很大时，每台机器也会设置真空泵。

引入机器中的真空利用真空减压阀来调节真空度。真空供气的开、关是由电磁阀切换的。在利用真空抽吸时，空气中的灰尘和杂质也会被吸入，这些物质可能会引起电磁阀故障，因此要在电磁阀和真空吸盘之间安装真空过滤器。

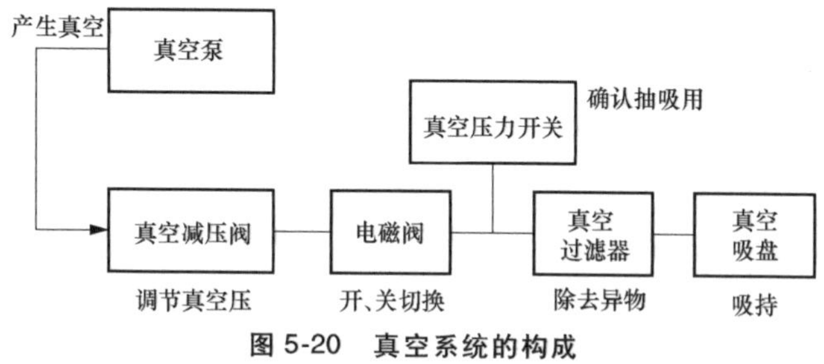

图 5-20 真空系统的构成

3 真空气压的读法

生产中将压力低于大气压的状态称为真空。真空和压缩空气相同，有以大气压为基准的表压和以绝对真空为基准的绝对压力两种表示方法，但通常是用表压记录。

真空的单位是 kPa，完全真空下的压力为-101.3kPa。以大气压为基准的读法下，要在气压前加负号。

4 真空吸盘

真空的弱点是，如果抽吸设备中有一点缝隙，则真空压力就会下降，吸持力就会消失。因此，市场上有一种叫作真空吸盘的部件，它的抽吸表面采用了高度密封的橡胶。真空吸盘有圆形和长孔形状，还有带有缓冲功能的波纹管式吸盘。

当吸持物为特别薄的部件时，由于薄片可能会被吸进吸孔，市面上也有贩卖应对这种情况的吸附板，吸附板通过许多吸附孔将薄片吸住。

5 利用三通电磁阀来破坏真空

在关闭电磁阀时，为了将真空恢复到大气压，需要使用三通电磁阀而不是二通电磁阀。

这种时候需要注意的是，如果吸持物有一定的重量，当真空关闭并恢复到大气压时，它就会自然地与真空吸盘分离；但如果是轻质物或片材，仅仅是关闭真空并不能让这些物件分离。在这种情况下，需要在关闭真空的同时，通过使压缩空气轻轻流动来让这些物体分离，这称为真空破坏。图 5-21b 所示就是真空破坏的例子。空气压力足够低，就像微风一样。

6 真空过滤器

通常来说，空气中有远比人们想得多的灰尘和杂质。除此之外，被吸持物的表面也很可能存在异物，在这种状况下如果直接进行真空抽吸的话，异物和杂质会被直接吸进电磁阀，导致故障发生。因此，要在电磁阀和真空吸盘之间安装真空过滤器。真空过滤器结构简单，依靠内部原件除去粉尘，过滤规格包括 5μm 和 10μm（见图 5-22a）。真空过滤器内部原件很容易更换。

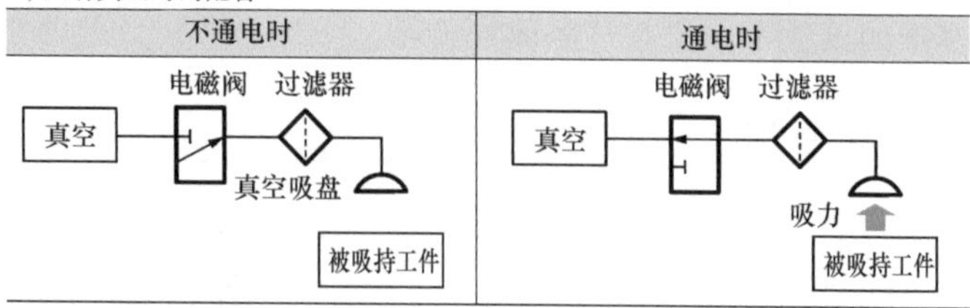

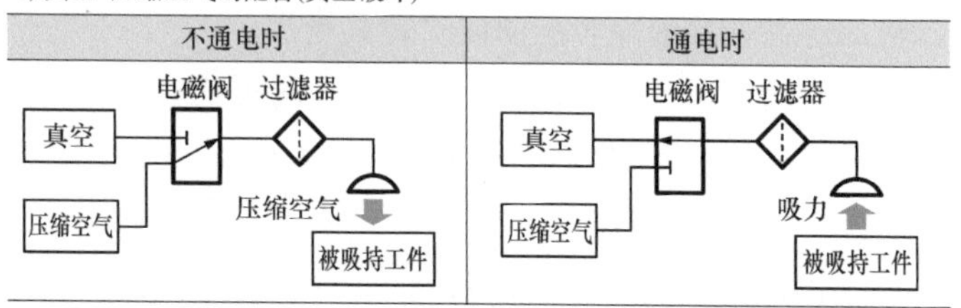

图 5-21　真空应用的配管示例

7　真空压力开关

真空压力开关用来检查设备是否可以进行真空抽吸持（见图 5-22b）。图 5-12 所示的气动卡盘是利用卡爪的开闭程度来检测卡盘是否保持夹持，但在使用真空吸盘的场合下，由于真空吸盘没有变形，所以通过测量真空气压变化来确认。如果真空吸持设备的吸持面上有少许缝隙，那么气压就会接近大气压，无法进行吸取，因此只要真空吸盘内部的气压是设定的真空压力，那么就判定为可以进行吸持操作。利用电子式的压力开关很方便，可以轻松检测真空压力。

8　产生真空的真空发生器

产生真空的设备除了真空泵之外，还有真空发生器。当真空的使用量较大时，通常使用真空泵，但在局部使用的情况下，使用真空发生器更为方便。图 5-22c 所示真空发生器的原理是当高速压缩空气流入侧面有孔的管道时，孔周边的空气被吸附从而形成低压环境（见图 5-22d）。也就是说，真空发生器是一种只要有压缩空气就能产生真空的奇妙装置，它的尺寸也很小。缺点是空气发生器的噪声很大，同时制造的真空量也较小。

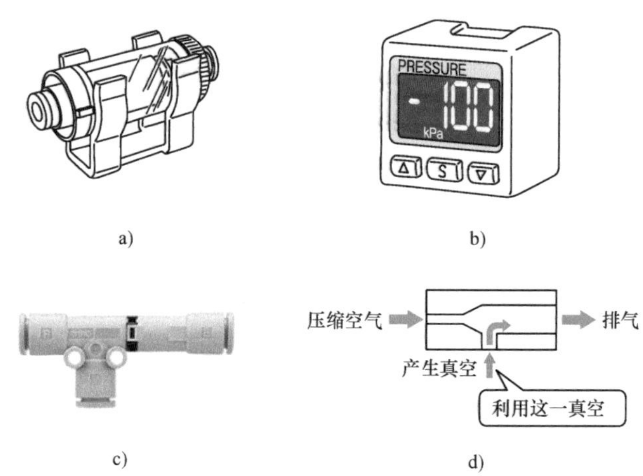

a)　b)　c)　d)

图 5-22　真空元件

a）真空过滤器　b）真空压力开关　c）真空发生器　d）真空发生器的构造

第5章 驱动元件

5.7 小栏目：反复思考与试做

在制造业中，反复思考后给出答案与先做一下试试看再根据现场实际情况给出答案有很大的区别。机械设计属于前者，作业改善属于后者。打个比方，有一个要将销依次插入一个带有许多孔的平板中的任务。在人们实际操作中，如果将平板微微倾斜，这个工作是否会变得更加简单呢，如果倾斜有效果的话，倾斜多少度合适，这种疑问仅仅靠思考是很难得到答案的。但如果实际尝试一下，就很容易得到结论。即使实际操作效果不好，也能知道原因，并将这些运用到下一个想法中。

另一方面，在机械设计中，我们在设计时需要考虑输送物体的重量、输送速度、停止位置精度和成本，在综合考虑这些因素的基础上给出最优解。至于先做一下试试，不行再改造，这样的观点是绝对不行的。打个比方，制造之后发现转矩不够，而要更换一个大一型号的电动机，那就变成大改，之前设计的费用和时间都浪费了。

机械设计时，如果在理论上有一点点不协调感，就一定会存在设计不顺利的情况。只要理论上存在不合理，就一定会变成问题。因此，我们在设计时必须要反复思考，排查出潜在隐患，保证设计的合理性。有时也需要制作一些简单部件进行实验评测。

经过这样反复劳动后得到的成就感和充实感是其他东西无法替代的。

材料的性能

6.1 材料的力学性能

1 材料的三个性能

材料有多种类别，因此，通过阅读材料的特性表，把握材料的特性，是掌握材料知识的诀窍。我们可以从力学性能、物理性能和化学性能的角度来理解材料的特性。

力学性能是材料对于外力的性能，物理性能是对重量、电气和热的性能，化学性能是对化学反应的性能，例如生锈。那么，因为机械部件对强度要求较高，让我们先从力学性能开始分析吧。

2 弹性、塑性和断裂

以弹簧为例，观察材料在受力时的变化。固定弹簧的一端，拉另一端使其伸长，松开手弹簧复原。这种性能称为弹性。

再往下拉伸的话弹簧伸长量会增加，但是即使松手后弹簧也不会恢复原状，这个性能称为塑性。再继续拉伸最终会发生断裂，即随着拉力的增加，弹簧从弹性到塑性再到最终断裂（见图 6-1）。

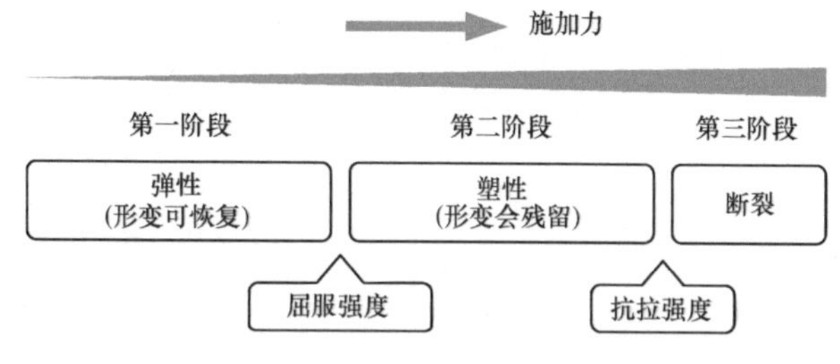

图 6-1 弹性、塑性和断裂

以上是一些材料共有的性能，文具中用到的回形针是利用弹性的产品；铝制烟灰缸是通过金属模具利用薄铝板的塑性压制成型；车床和铣床等机床通过施加较大的力使材料断裂来进行切削。

以上这几个例子就很好地利用了材料的各种性能。

3 通过刚度和强度来观察材料的强弱

要求机械零件在受力时不易变形，即使变形也能恢复原状，这就是刚度和强度的含义。刚度表示材料抵抗弹性变形的能力，强度表示材料在弹性范围内抵抗破坏的能力。

弹性变形量由钢铁、铝、铜等材料的大分类决定。也就是说，如果是钢铁材料，无论是便宜的碳钢 SS400，还是昂贵的合金钢、铬钢，相同受力条件下的弹性变形量都是一样的。

弹性变形程度用弹性模量表示，数值越大，变形越困难。例如钢铁材料的弹性模量是 $206\times10^3\mathrm{N/mm^2}$、铝材料是 $71\times10^3\mathrm{N/mm^2}$，形状相同的情况下，铝材料的变形量大约是钢铁材料的3倍。

4 伸长的变形量

那么，材料的变形可分为挠曲和伸长。受拉力时的伸长量可以通过简单的公式计算。

伸长量=[(力/横截面面积)×原始长度]/弹性模量

可通过减小受力、增大横截面面积、缩短长度和选择弹性模量大的材料等方法来减小伸长量（见图 6-2a）。

5 挠度的变化量

接下来，我们考察一下材料横向受力时挠度的变化量。当支承方式和受力方式不同时，计算公式也不相同。我们来看一下一端固定，另一端受力时的挠度。

挠度=(力×长度的三次方)/(3×截面惯性矩×弹性模量)

截面的惯性矩表示截面形状形变的难易程度。可采取减小受力、缩短长度、选用截面惯性矩大的截面形状和选用弹性模量大的材料等方法来减小挠度（见图 6-2b）。

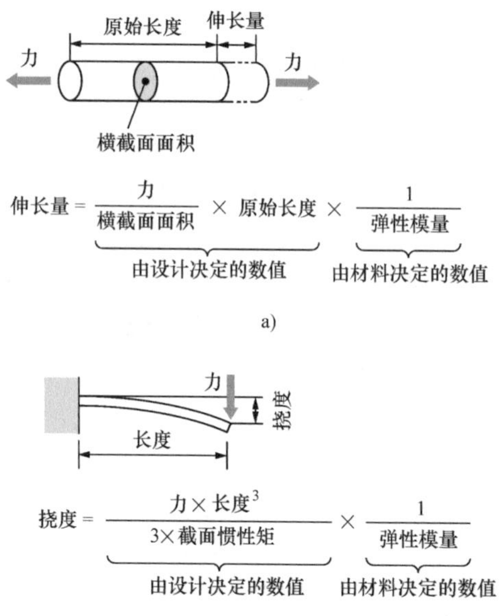

图 6-2　变形量的计算公式

a）伸长量的计算公式　b）挠度的计算公式

6　由截面形状决定的截面惯性矩

我们观察一下截面形状不同对挠度的影响如何。截面是矩形时，断面的惯性矩 = (宽度×高度^3)/12（见图 6-3）。如果你有一块 2mm×50mm 的板材，则这个宽 50mm、高 2mm 的截面的惯性矩是 50mm×(2mm)^3/12 = 33.3mm^4。

相反，如果换成宽 2mm、高 50mm 的板材，断面二次惯性矩

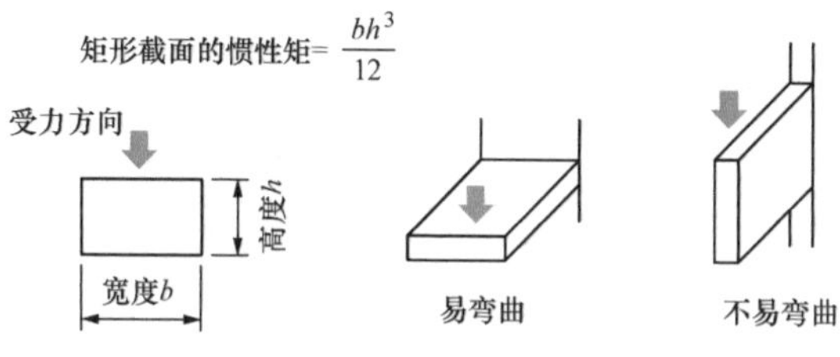

图 6-3　矩形截面惯性矩

是 $2\text{mm}\times(50\text{mm})^3/12=20833\text{mm}^4$，提高了 625 倍。意味着在相同截面形状、改变受力方向的情况下，挠度减小为原来的 1/625。像这样，高度的三次方能有效地减小挠度，比增加宽度效果更明显。

不同形状的截面惯性矩如图 6-4 所示。

截面形状	截面惯性矩	截面形状	截面惯性矩
矩形（宽 b，高 h）	$\frac{bh^3}{12}$	圆形（ϕd）	$\frac{\pi}{64}d^4$
空心矩形（b_1，h_1，b_2，h_2）	$\frac{1}{12}(b_2h_2^3-b_1h_1^3)$	空心圆（内径 ϕd_1，外径 ϕd_2）	$\frac{\pi}{64}(d_2^4-d_1^4)$

图 6-4　不同形状的截面惯性矩

7　实际要在截面形状上下功夫

通过上述分析得知，对于减小变形量，选择合适的截面形状比选择材料效果更明显（见图 6-4）。

机械零件使用的多是钢材和铝材。铝材料虽然刚度低、价格昂贵，但其优点是材料较轻。在充分利用这一优点的同时，在截面形状上下功夫，可以使刚度得到增大。同样，当使用钢铁材料时，也可以用更小的尺寸来实现功能。

8　在弹性范围内使用

了解完表示变形难易程度的“刚度”后，再来了解一下“强度”。材料特性表中会有屈服强度和抗拉强度的数值。屈服强度是指施加在材料上使其从弹性转向塑性时的力的大小，抗拉强度是指材料达到断裂时力的大小。也就是说，如果施加屈服强度大小的应力，产生的变形就不能再复原；如果施加抗拉强度大小的应力，材料就会断裂（见图 6-1）。

机械零件均要求在弹性范围，即屈服强度以下范围内使用。

9 不需要验证屈服强度

让我们看一下如何应对屈服强度。在钢铁材料中常用的 SS400 的屈服强度是 $245N/mm^2$。将 N 换算成 kgf 的话，除以 9.8 得到 $25kgf/mm^2$。但是 $1mm^2$ 很难有感性的概念，所以换算成 $1cm^2$ 的话，即 $2500kgf/cm^2$，2500kgf 大概等同于两辆轻型汽车。一般的机器很少会对 $1cm^2$ 的面积施加如此大的力吧。

通过以上分析可知，在设计时没有必要每次都对屈服强度进行验证。但是，在需要耗费较大力量的工程机械、电梯的设计等涉及人身安全的场合，必须考虑对安全系数进行验证。

图 6-5 所示为主要金属材料的强度。

分类	例子	刚度	强度	
		弹性模量/($\times 10^3 N/mm^2$)	屈服极限/(N/mm^2)	抗拉强度/(N/mm^2)
钢铁材料	SS400	206	245	400
铝合金	A5052	71	215	260
铜合金	C2600	103	—	355

图 6-5 主要金属材料强度

10 硬度和韧性

之前我们了解了材料的强度，此外力学性能还有硬度和韧性（见图 6-6）。

硬度表现的是材料抵抗硬物压入其表面的能力，将压头压在

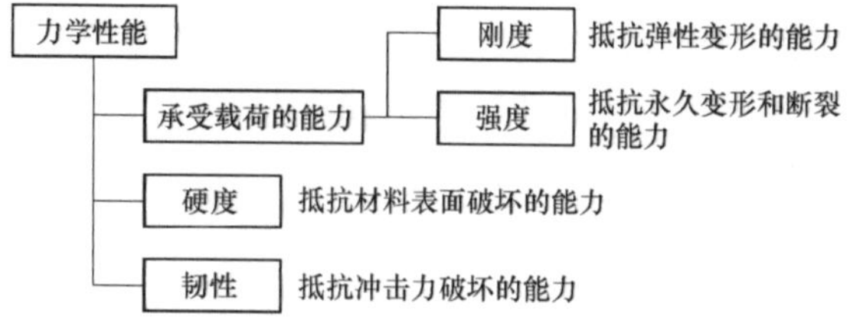

图 6-6 材料的力学性能

材料表面时形成的压痕大小用硬度这一指标进行量化表示。韧性表示对冲击力的抵抗能力，与之相对的性质是脆性。

强度和硬度成正比例关系，韧性则与硬度成反比例关系。也就是说，任何材料都是硬度和强度越高，韧性就越差。因此，得到硬度、韧性都好的材料的处理办法就是下文要介绍的热处理中的淬火和回火。

6.2 材料的物理性能和化学性能

1 表示重量的密度

重量用密度来表示，水的密度为 1g/cm^3，钢铁材料为 7.87g/cm^3，铝材料为 2.70g/cm^3。相同大小铝材料的重量是钢铁材料的 1/3。这里记住，钢铁材料的密度为 7.9g/cm^3 和铝材料的密度是钢铁材料的 1/3 比较方便。

另外，比重表示物体密度与水密度的比值，在数值上和密度相同，但没有单位。另外说句题外话，铝制的一日元硬币重量刚好是 1g。

2 表示受热伸长的热膨胀系数

材料受热会膨胀。铁路上铁轨之间的缝隙就是为了防止夏天温度升高导致铁轨膨胀挤压变形。对于热量，我们从伸长量和传递速度两个角度来分析。

首先看一下伸长量。用线膨胀系数表示伸长程度，这个系数越大，则表示材料越容易伸长。

伸长量=线膨胀系数×原始长度×上升温度（见图 6-7）

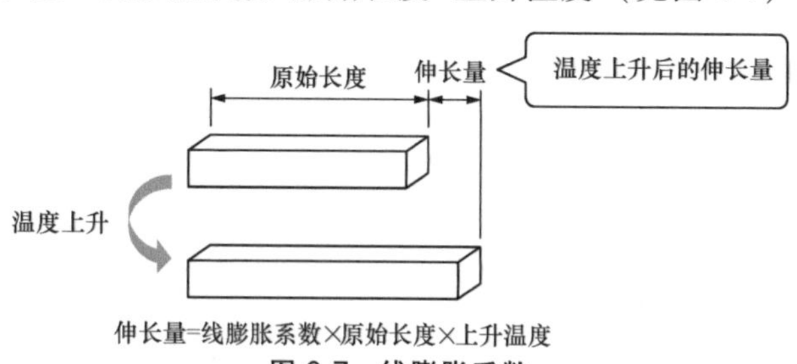

图 6-7 线膨胀系数

钢铁材料的线膨胀系数是 11.8×10^{-6}/℃，铝材料的线膨胀系数是 23.5×10^{-6}/℃，相同条件下，铝材料的伸长量是钢铁材料的近两倍。

另一方面，塑料聚乙烯的线膨胀系数是 180×10^{-6}/℃，约是金属材料的 10 倍。也就是说，为塑料材料设置高精度的尺寸公差时，必须考虑使用环境的温度。图纸中指示的尺寸公差是 JIS 规定规格在 20℃条件下的值。

3 表示传递热量速度的热导率

热量在自发的情况下总是从高温处传递到低温处，这里的传递速度用热导率表示，其数值越大表示材料越容易传递热量。

钢铁材料的热导率是 80W/(m·K)，铝材料的热导率是 237W/(m·K)，比铁的热导率高 3 倍左右。当我们想要放热的时候就选择高热导率的材料，想要保温的时候就选择低热导率的材料。市面上常用的隔热材料和泡沫塑料的热导率只有 0.03～0.05W/(m·K)，小 3 个数量级，因此广泛用于生鲜食品运输过程中用的冷冻箱。

4 表示电流流动难易的电导率

电导率表示材料传导电流的能力，电导率的数值越大意味着电流在材料中越容易流动。

常用材料电导率从低到高（不易流动到易流动）的排列顺序为铁→铝→金→铜→银。考虑成本因素，电线主要使用铜线或者铝线。

图 6-8 所示为常用材料的物理性能。

5 保护性的黑锈和腐蚀性的红锈

锈是由金属、水和氧气反应产生的（见图 6-9）。锈大致分为保护性的黑锈和腐蚀性的红锈两种。保护性的黑锈（Fe_3O_4）因为是非常致密的氧化层，如果覆盖在材料表面，水和氧气就很难再接触，可以起到保护材料的作用。另外，腐蚀性的红锈（Fe_2O_3）则多有孔，水和氧气很容易进入，可以毫无阻碍地继续侵蚀材料。

分类	材料种类	密度/(g /cm³)	线膨胀系数/(×10⁻⁶/℃)	热导率/[W/(m·K)]	电导率/(×10⁻⁶S/m)
金属	铁	7.87	11.8	80	9.9
	铝	2.70	23.5	237	37.4
	铜	2.92	18.3	398	59.0
非金属	聚乙烯	0.96	180	约0.4	不流动
	混凝土	2.4	7～13	约1	不流动
	玻璃	2.5	9	约1	不流动
数值越大		越重	越易伸长	越易传递热量	电流越易流动

图 6-8 常用材料的物理性能

如果全都是黑锈就好了，遗憾的是黑锈不会在自然现象中自己产生，它是由钢铁制造商在铁熔化后的冷却过程中通过进行被称为发黑的表面处理后产生的。市面上的钢铁材料中的“黑皮材料”指的是表面形成黑锈的材料。

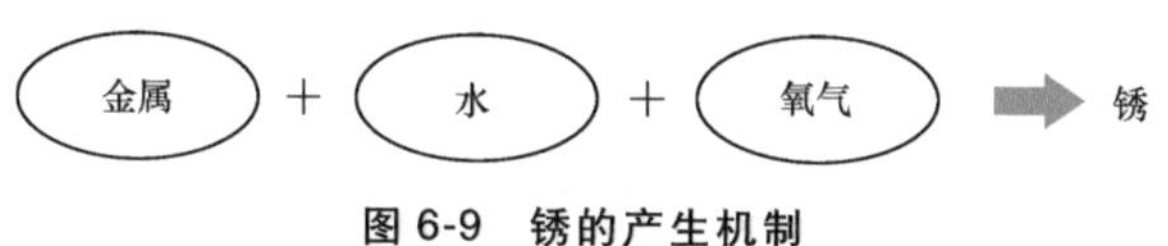

图 6-9 锈的产生机制

6.3 主要材料的特性

1 对材料有一个全面的认识

材料主要分为金属材料、非金属材料和特种材料三类。金属材料主要有钢铁、铝和铜等，非金属材料主要有塑料、陶瓷和橡胶等。特种材料是指制造商通过自己的技术开发出的功能材料，或者是由两种以上的不同材料组合而成的复合材料，例如将纤维放进塑料中后形成的增强塑料，其强度得到提高。

在这些材料中，机械零件主要是使用的是钢铁材料。主要是因为它具有强度高、便宜、容易得到、容易加工和通过热处理可以改变其性能等优点。

2 碳钢、合金钢和铸铁

钢铁材料又分为碳钢、合金钢和铸铁。SS400 和 S45C 是碳钢中最常用的材料，形状和尺寸都很齐全，在任何材料销售公司都可以买到，是当天就可以买到的材料。

其次，不锈钢和铬铁等合金钢，是在碳钢中加入铬、镍和钼等元素，从而获得高强度、耐热性和化学稳定性等特殊性能。合金钢具有优异的性能，但因为价格昂贵，一般用在碳钢无法解决问题的场合。

最后，铸铁是铸造材料。前面提到的碳钢和合金钢是通过切削和冲压加工成型的，铸铁则是通过受热熔化后浇入模具成型的。铸件冷却后一次成型，加工效率高，适合大量生产。

3 碳的含量

对钢铁材料性能影响最大的是碳的含量。铁含量 100% 的纯铁太软，不适合使用。因此我们通过添加碳来改变它的硬度，碳含量越高，它就越硬。根据碳含量的不同，可分为0~0.02%的纯铁、0.02%~0.3%的软钢、0.3%~2.1%的硬钢和2.1%~6.7%的铸铁。纯铁没有实际用途，从软钢开始进入实用领域。

4　JIS 规格的品种设定

那么，在实际工作中使用的碳钢的碳含量是在哪个范围呢。让我们从碳含量最少的那个开始看吧。

首先，SPC材料（SPCC等）的碳含量在0.1%以下，其次，SS材料（SS400等）在0.1%~0.3%之间，S-C材料（S45C等）在0.1%~0.6%之间，然后，SK材料（SK95等）在0.6%~1.5%之间，最后，铸铁FC材料（FC250等）在2.1%~4%之间。

这里需要说明的是，S-C材料的0.1%~0.3%碳含量和SS材料的碳含量有重叠。这是为了在需要进行渗碳淬火的时候使用该碳含量范围的S-C材料。通常使用的S-C材料碳含量在0.3%~0.6%这一范围。

JIS的品种设定如图6-10所示。

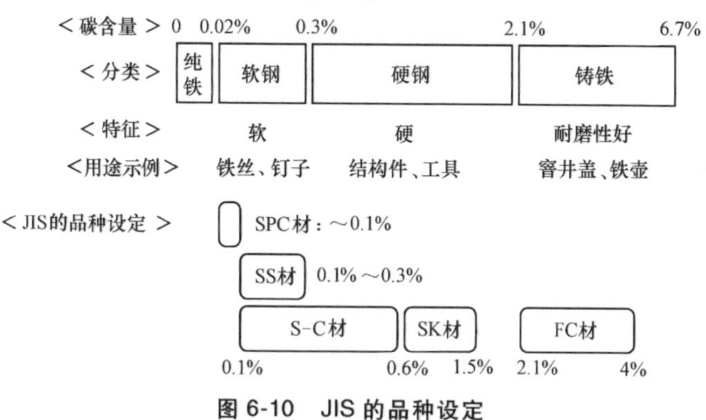

图6-10　JIS的品种设定

以下让我们来看看碳钢的代表性特征。

5　SPCC（冷轧钢板）

这种被称为SPCC的材料用于3.2mm的薄板。它的表面非常光滑漂亮，有各种尺寸齐全的厚度可选。因为碳含量在 0.1%以下，是软材料，SPCC 适用于外罩和传感器的安装支架，可以平铺或折叠使用。

6　SS400（一般结构用压延钢材）

SS400 是一种最常用的钢铁材料。价格低廉，有钢板、棒材、型钢等多种形状和尺寸规格。400 表示抗拉强度为 400N/mm^2。过去在图纸上标记的是 SS41，因为当时的单位使用的是 kgf/mm^2，41kgf/mm^2×9.8≈400N/mm^2。

因为 SS400 表面状态很好，所以尽量直接使用表面。材料内部虽然存在方向、大小不一的内应力，但却能达到平衡状态；但是，如果对材料进行切削的话，那个平衡就会被打破，加工后会有弯曲。这种内应力不是肉眼可见的，每一种材料都不一样，不对其切削体现不出来，这一点很麻烦。

因此，SS400 多用于表面不需要大量切削的零件，需要大量切削的情况可考虑使用市售的热处理后的材料和下面介绍的 S45C。SS400 是适合焊接的材料，但是，正如后面的热处理部分所述，由于碳含量少，所以没有淬火和回火的效果。

7　S45C（机械结构用碳钢）

S45C 是一种仅次于 SS400 的常用材料。45 表示碳含量为 0.45%。S45C 的碳含量比 SS400 的碳含量高，S45C 的成分在 JIS 规格中有明确的规定，它的价格比没有成分规定的 SS400 高 10%～20%。规格上从 S10C 到 S58C 都有，但在实际工作中经常使用 S45C 和 S50C。

S45C 通常直接使用，必要时进行淬火、回火。另一方面，该材料在焊接后的冷却中有开裂的风险，并且焊接的热量还会产生淬火硬化，所以焊接件尽量使用 SS400。

8　SK95（碳素工具钢）

SK95 是一种碳含量为 0.95%的材料。在旧的 JIS 标准中，用

SK4 表示。它的硬度和耐磨性优异，适用于承受摩擦和冲击的零件。

另一方面，虽然被称为工具钢，但是 SK 材料在受到高温时硬度会有所下降，所以实际不会用于制作刀具。很多市场上的刀具使用的是高速合金工具钢和硬质合金。

9　不锈钢（SUS 材）

在合金钢中最常用的就是不锈钢。在铁中加入 12%以上的 Cr，通过在表面生成致密的氧化铬薄膜可以保护母材。膜厚是 1mm 的百万分之一，非常薄，不过，此外表皮薄膜即使破损也可以瞬间再生，这是其最大的优点。另外，不锈钢的加工性和焊接性不好。

不锈钢的种类根据 Cr 和 Ni 的含量分为三大类，即 Cr18% 和 Ni8%的“18-8 系不锈钢”、Cr18%的“18Cr 系不锈钢”和 Cr13%的“13Cr 系不锈钢”。Cr、Ni 含量越高，价格越贵。18-8 系（SUS304 等）是高级品、18Cr 系（SUS430 等）是普通品，13Cr 系（SUS440C 等）是低价品。

不锈钢的代表是 SUS304，其特点是没有磁性，不会吸附在磁铁上。在我们的生活中，厨房的洗碗池使用的就是 SUS304。同为 18-8 系的 SUS303 是加工性能提高后的易切削不锈钢。

10　FC250（灰铸铁）

FC250 中的 250 表示抗拉强度为 $250N/mm^2$。虽然数值比 SS400 的 $400N/mm^2$ 低，但是其压缩屈服强度是抗拉强度的 3～4 倍。所以当机械零件使用铸铁材料时，受力应设计在压缩方向上。强度更高的铸铁为球墨铸铁。

11　铝材料

铝材料与钢铁材料相比有很多“3 比例”的性能。铝材料比钢铁材料轻 1/3，弹性模量也是钢铁材料的 1/3，所以挠度是钢铁材料的 3 倍，热导率同样也是钢铁材料的 3 倍。

虽然强度不如钢铁材料，但超硬铝 A7075 的抗拉强度为 570N/mm^2，超过了 SS400 的抗拉强度。

铝材料的切削阻力小，热导率高，切削热容易传出，加工性好。另外，和不锈钢一样也会在表面形成致密的氧化物薄膜，耐腐蚀也比较出色。无磁性且美观也是铝材料的特征之一。

另一方面，由于热量容易流失，表面容易氧化，因此焊接性较差。同时，铝材料在高温下强度会下降，所以应在 200℃ 以下环境使用。机械零部件经常使用的有 A5052 和 A6063。

12 铜材料

铜的最大特征就是热导率和电导率高。因为其价格高和密度较大，所以不合适用于制作机械零件。铜的品种不同，加工性能也不同，黄铜的加工性好，磷青铜和铍铜等铜合金则很难加工。

铜对容易腐蚀其他金属的盐分具有良好的耐蚀性。利用这个特征，除了 1 日元硬币为铝材外，其他币值的硬币都用的是铜合金。除了金以外，铜也呈金黄色，所以在工艺品中也经常使用。

13 塑料材料

在我们生活中到处都是塑料制品，因为塑料重量轻、透明和容易上色、加工方法适合大量生产。另一方面，由于强度和耐热性差，所以塑料在机械零件中的用途仅限于透明罩、搬运托盘和夹具。

透明罩使用的材料是聚氯乙烯（PVC）。PVC 便宜、结实，而且耐冲击。对于一般的透明罩，PVC 的透明度也没有问题。以前有人提出过二噁英的问题，但这不是材料本身的问题，而是由于焚烧炉的焚烧温度造成的，所以现在已经没有问题了。

强度比较高的塑料材料有聚碳酸酯，适合于对透明度有要求的零件，例如我们身边的头盔和太阳镜。

6.4 改变性能的热处理和表面处理

1 热处理和表面处理的目的

不改变形状而改变性能的处理方法有热处理和表面处理。热处理是改变材料本身性能的处理；表面处理是在材料表面涂上一层薄膜，以增加新性能的处理。

2 什么是热处理

热处理是一种加工方法，对材料先加热后冷却，从而改变材料的性能。热处理的分类如图 6-11 所示，有用于提高材料硬度和强度的淬火、回火，用于降低材料硬度的退火，恢复材料标准硬度的正火。热处理最大的要点是冷却的速度，淬火、回火是急冷，正火是空冷，退火是炉冷。所谓炉冷，是指关闭加热炉的电源，使其缓慢冷却的冷却方法。

另一方面，高频淬火和渗碳淬火是两种只让表面变得坚硬、耐磨，内部仍保持原有韧性和塑性的热处理方式。

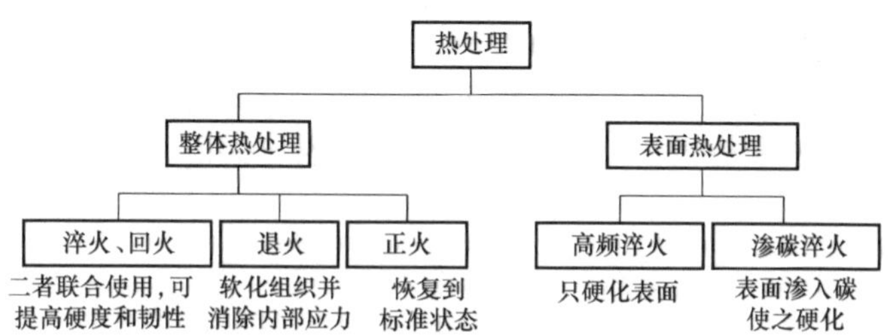

图 6-11 热处理的分类

3 淬火、回火

材料越硬就会变得越脆。淬火和回火就是用于改变材料的硬度和韧性的。淬火使材料变硬，回火可以提高韧性。淬火对于碳含量在 0.3% 以上的材料才有效果，碳含量越高、淬火后越硬。SS400 的碳含量低于 0.3%，所以没有淬火效果。

另外，硬度的提高以碳含量 0.6% 为界线，随着碳含量的继续增加，淬火硬度几乎不再提高，不过，碳含量 0.6% 以上的 SK 材料（SK95 等）淬火后更加耐磨。

4 退火和正火

退火可以使冷加工时加工硬化造成的材料变硬减缓或回软，改善其切削加工性。不仅是钢铁材料，铜也可以进行热处理。

另外，隐藏在材料内部的应力，是加工时产生弯曲和加工后随着时间的推移而产生变形的原因。消除内部应力的退火称为去应力退火。

正火的作用是使压延、铸造、锻造等加工过程中变形的金属组织均匀化，使其恢复到不硬不软的标准状态。

5 高频淬火

对于同时使表面和内部强度都得到提高的淬火和回火，高频淬火和下面介绍的渗碳淬火仅使材料表面得到强化。高频淬火的目的是得到双重的硬度，即在提高表面硬度、耐磨性和疲劳强度的同时，可以使内部仍保持较高的韧性。高频淬火使用电感应方法时，只需要根据零件形状卷绕线圈，只对需要的地方进行热处理。高频淬火适用于轴和齿轮的淬火。

6 渗碳淬火

在碳含量低于 0.3% 的 S20C 等表面进行碳渗处理后，表面的碳含量会上升到 0.8%。在这种状态下进行淬火和回火，会形成表面坚硬、内部柔韧的双重硬度。

钢珠通过渗碳处理，可以吸收冲击防止开裂。

7　什么是表面处理

在材料表面涂上覆膜的方法有涂装和电镀。涂装采用树脂类材料，电镀采用金属类材料，都是为了防锈和装饰。

涂装价格低廉，但膜厚偏差大，适用于机械中不需要控制膜厚精度的框架和外壳；镀层具有良好的膜厚精度，适用于机械零件。

8　钢铁材料的电镀

1）发黑处理：用于防锈，是通过化学反应生成保护性黑色氧化膜的表面处理方法，生成的膜厚仅有 1μm 左右，非常薄，适用于高精度零件的处理。发黑处理虽然价格便宜，但与其他方式相比，防锈效果较差。

2）铬酸盐钝化：用于防锈，是在基体金属镀锌后进行铬酸盐钝化形成钝化膜的处理方法，因为膜厚很难控制，所以不适合高精度零件。光泽铬酸盐、有色铬酸盐、黑色铬酸盐 3 种 6 价铬酸盐虽然价格低廉且使用广泛，但现在考虑到安全方面的问题，已经转到使用 3 价铬。

3）无电解镀镍：用于防锈，通过化学反应可在金属表面形成含镍镀膜。因为膜厚可以达到 1μm，适用于高精度零件的处理。常用膜厚是 3~10μm。

4）硬质镀铬：因为形成了铬镀层，所以具有很好的耐磨性和耐蚀性，镀层厚度可以指定，常用厚度是 5~30μm。

5）含氟树脂无电解镀镍：是一种以无电解镀镍为基础，复合了氟树脂的表面处理方法。处理后的表面具有优秀的耐磨性、润滑性和不粘性，表面光滑坚硬。常用的膜厚是 10~15μm。

9　铝材料的电镀

对铝材料进行电镀时要注意膜的厚度。钢铁材料镀膜后的总厚度是镀膜厚度直接加材料的尺寸，但是对铝材料来说，镀膜会侵蚀基材，所以尺寸的增加只是镀膜厚度的一半。例如，假设膜厚为10μm，镀膜后尺寸的增加只是其一半，即5μm。

1）阳极氧化铝：通过处理可以形成致密氧化铝膜，提高耐蚀性。因为是透明的膜，所以可以直接反映铝材料的颜色。常用的膜厚是5~15μm。

2）硬质阳极氧化铝：当要求硬度和耐磨性时，可以进行硬质阳极氧化处理。常用膜厚是5~15μm。

3）氟树脂涂层：它是在硬质阳极氧化铝基础上复合氟树脂的处理工艺，TUFRAM 工艺是众所周知的。所形成的薄膜具有耐磨性、润滑性和不粘性等特点。常用膜厚为30~50μm。

10　高精度的电镀法

前述电镀方法是一般使用的湿式表面处理方法。但是对要求极薄膜厚精度的昂贵材料，其镀膜方法有干式镀膜方法，它通过加热金属使其蒸发并凝结于对象物的表面形成薄膜。膜厚度可达到数微米以下的水平。

这些高精度的电镀方法有真空镀膜、溅射渡膜、离子渡膜等。

11　防锈的方法

本章最后总结了防止生锈的主要方法。

1）使用被氧化物薄膜保护的不锈钢和铝。

2）涂上防锈剂，如油和油脂（需要维护）。

3）进行涂装。

4）进行电镀。

5）进行真空包装。

6）在不易生锈的环境中（避开湿度高、盐分浓度高的沿海地区）使用。

6.5 专题：填补 CAD 的弱点

现在的设计方法和以前相比有了很大的变化，最大的变化是 CAD 的出现。以前是在绘图板上贴上图纸，然后用铅笔绘制，这种手绘方式有很大的优点。因为谁都可以看到绘图板上的设计图样，对于新手而言，前辈画图的过程可以实时看到，包括从哪里开始画线，以及绘图的速度；相反，前辈们也能一眼看出新人绘图的困惑在哪里，并能给出各种建议。

但是在 CAD 中，这样的信息共享几乎消失了。CAD 的显视器很难被其他人看到，而且比例尺也不是原大的比例，所以很难有一个直观的感受是其弱点。另一方面，CAD 最大的优点是绘图效率。只要画出方案图，就可以很容易得到部件图和装配图，和计划图完成后，又需要从头开始画零件图和装配图的手绘有天壤之别。

因此，在最大限度地发挥 CAD 优点的同时，弥补其弱点是很重要的。首先在绘制方案图的过程中按照原尺寸打印出来，在桌子上摊开来分析，这样可以找回原来的感觉。此外，应把打印出来的图纸给前辈看，并听取建议。倾听不是一件丢人的事情，在完成之前反复交流倾听，不仅可以提高绘图质量，还可以掌握设计技巧。

机械加工的要点

7.1 成形切削加工

1 机械加工应知应会

虽然设计人员并不需要亲自进行机械加工，但是需要了解自己设计的机械是如何按照图纸便宜且快速地加工出来的。加工方法并不是在画图之后才考虑，需要一边考虑加工方法一边进行设计。但机床最佳转速或者进给量等加工参数，还是需要交给加工人员来确定。

加工可按图 7-1 所示分为 5 大类。其中，热处理和表面处理属于改变材料性能的加工，已在第 6 章进行了介绍。

加工方法的分类		特点	加工方法名称
切削加工 (切削成形)		加工精度高，加工时间长	车削加工、铣削加工、钻削加工、磨削加工等
成型加工 (使用模具加工)		一次成型，适于大量生产，加工精度较差	钣金加工、铸造成型、注射成型、锻造成型等
接合加工 (将材料接合在一起)		成本低	焊接、粘结
特种加工 (局部熔化)		常规方法无法加工，适用于加工复杂形状	激光加工、电火花加工、刻蚀、3D打印
热处理、表面处理 (改变材料性能)		不改变形状，改变硬度，防锈	淬火、回火、退火、正火、各种表面处理

图 7-1 加工方法的 5 大分类

2 切削加工的分类和特点

利用刀具将材料不需要的部分切除，以获得所需形状的加工方法称为切削加工。切削加工的优点是加工精度高，缺点是加工耗费时间长。机械零件常用切削加工的方法生产，按加工形状有以下几种分类。

1）切削成圆形的车削加工。

2）切削成方形的铣削加工。

3）钻孔或攻螺纹的钻削加工。

4）用砂轮磨削表面的磨削加工。

5）精加工平面的刮削加工。

3 切削成圆形的车削加工

便携铅笔刀是通过回转铅笔来切削的。车床与之类似，也是通过回转工件，同时刀具前后、左右移动来将其切削出圆形。车床有基本型的普通车床、车削圆形端面的端面车床、具有立式构造的立式车床，还有增加了自动化功能的数控车床。普通车床的构造如图 7-2 所示。

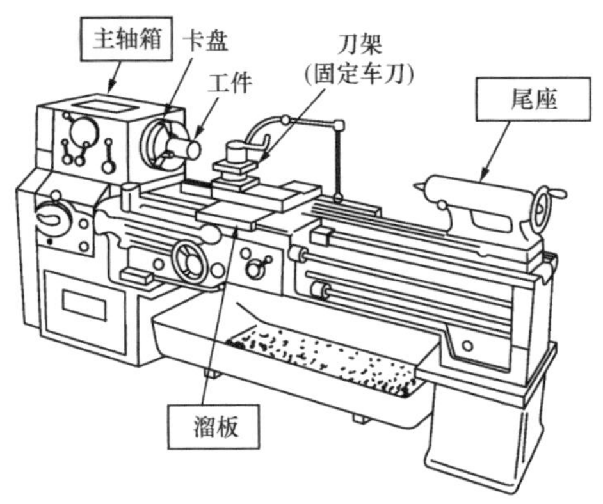

图 7-2 普通车床的构造

根据车床刀具的加工方式，分为外周加工、槽加工、端面加工、镗孔加工、内螺纹加工、外螺纹加工等，每种加工都要使用专用刀具。普通车床的加工示例如图 7-3 所示。

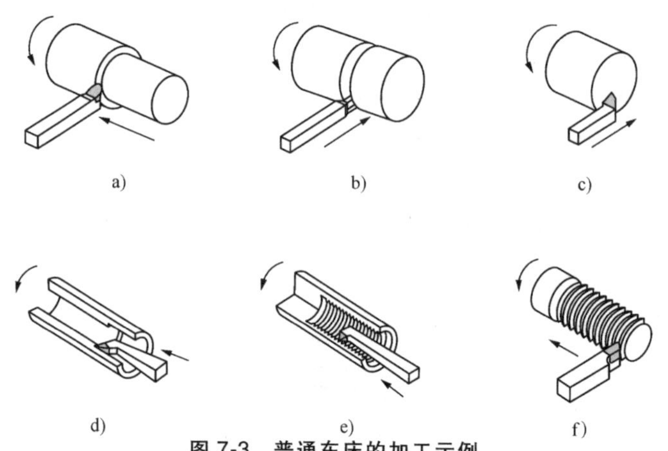

图 7-3　普通车床的加工示例

a）外周加工　b）槽加工　c）端面加工　d）镗孔加工　e）内螺纹加工　f）外螺纹加工

4　加工效率最高的圆柱状

为了按照图纸便宜且快速地加工出工件，减少加工量本身是最好的办法。现在我们来考虑一下理想的加工形状。相对于立方体的6个方形面，圆柱体的面数为圆周面和两个端面共3个面。圆柱体与立方体相比，加工面是后者的一半，所以加工效率占压倒性优势。另一方面，圆柱状和立方体状都可以根据市售尺寸进行调整，可进一步减少加工面的数量。

圆柱体的另一个优势是可以用于制作多个相同的东西。如用车床加工一根较长的棒料时，从右端面按规定的尺寸切断，可以连续制作相同的工件。

5　切削成方形的铣削加工

铣床结构与车床大不相同，刀具仅需要旋转，工件前后、左右、上下移动，被切削成方形。铣床的种类（见图 7-4）有标准的立式台铣床、带水平主轴的卧式台铣床、自动化的数控铣床和无人操作的加工中心。

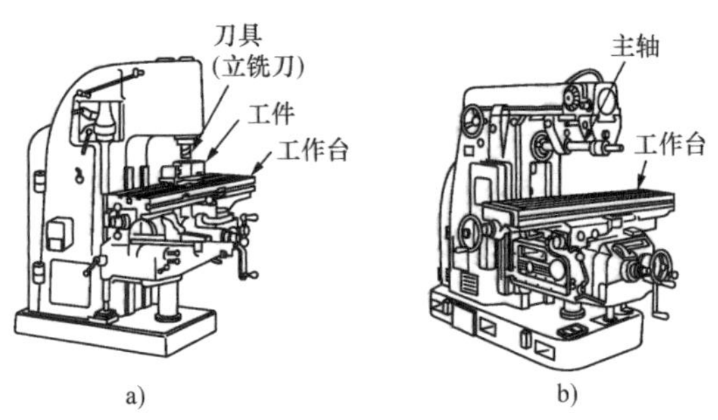

图 7-4 铣床的种类

a）立式台铣床 b）卧式台铣床

铣削加工可用于进行外形加工、侧面加工、普通槽加工、窄深槽加工、钻孔加工、曲面加工（见图 7-5）。铣床上使用的最常见的刀具为立铣刀，它的圆柱面和端面均有切削刃。除此之外，在切削大的表面时使用面铣刀，切削窄而深的槽时使用锯片铣刀。

铣削加工精度的标准与车削相同，尺寸精度为±0.02，表面粗糙度为 $Ra1.6$。

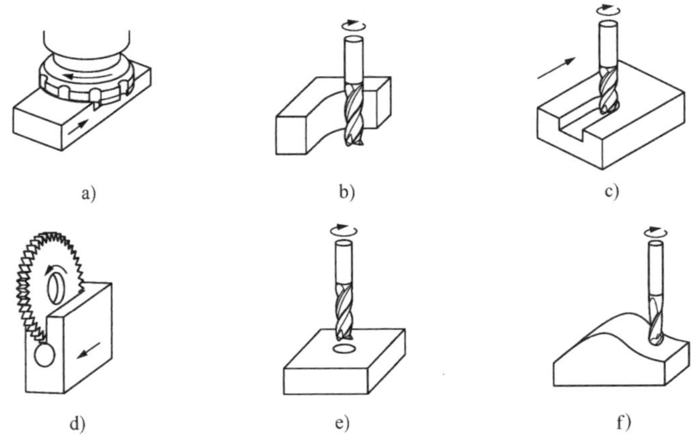

图 7-5 铣床的加工示例

a）外形加工 b）侧面加工 c）普通槽加工

d）窄深槽加工 e）钻孔加工 f）曲面加工

6 钻削加工

钻削加工用于加工螺纹孔的底孔、与轴的配合孔、避免与其他零件干涉的避让孔等。在对加工精度要求不高的孔加工中，可以将工件固定在钻床的工作台上，用手转动手柄，使旋转的钻头上下移动进行加工。钻床和刀具如图 7-6 所示。

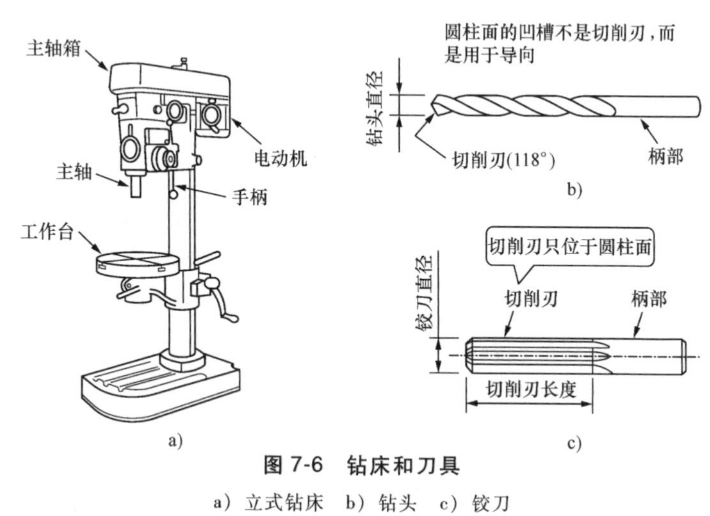

图 7-6 钻床和刀具

a）立式钻床 b）钻头 c）铰刀

7 钻孔

使用钻头加工出孔的操作称为钻孔。钻盲孔时，钻头前端 118°的切削刃形状会保留在孔底。孔径精度为钻头直径+0.1～0.2mm，表面粗糙度为 *Ra*6.3。

钻孔主要用于加工螺纹孔的底孔，虽然加工精度不高，但可以以最低的成本完成孔的加工（见图 7-7a）。

8 锪孔

在钻孔加工完成之后，再在其上加工一个大一点的孔称为锪孔。根据锪孔的深度不同可分为两种，锪平孔的深度为 1mm 左右，目的是使铸件等粗糙的材料表面变平整；锪沉孔用于使内六角螺栓头部沉入孔内，加工时的深度要比螺钉头部的直径和深度稍大一些（见图 7-7c、d）。

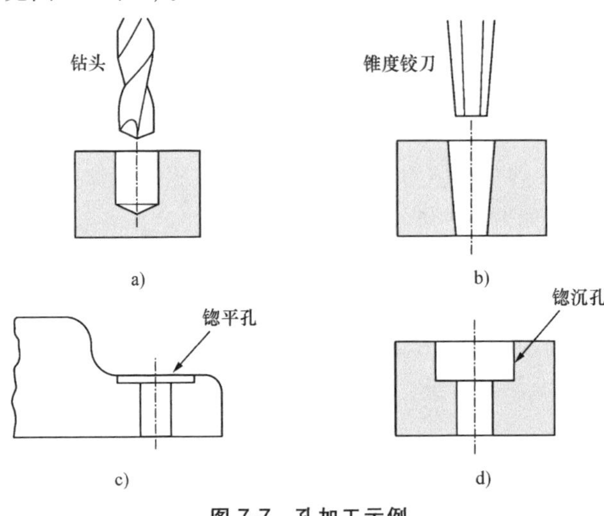

图 7-7 孔加工示例

a）钻孔 b）铰锥孔 c）锪平孔 d）锪沉孔

9 铰孔

对于尺寸精度要求较高的孔，要先用钻头钻孔，然后用铰刀进行加工，如图 7-6c 所示，这种铰刀常用于公差为 H7 的配合孔。另外，加工带角度的锥孔时需要使用锥度铰刀（见图 7-7b）。以上这两种铰刀，都只有圆柱面有切削刃。铰孔加工可使用钻床或手工进行加工。

10 内螺纹加工

用钻头钻孔后，用被称为丝锥的工具进行内螺纹的加工。一般使用 3 支丝锥组成的成组丝锥，按切削锥长度不同依次分为 1 号、2 号、3 号。在实际工作中，为了缩短时间，有时只用 1 支 2 号丝锥进行加工。

内螺纹底孔的直径由钻孔加工中使用的钻头直径决定，内螺纹大径则由丝锥的大径决定。

11　磨削加工

用于厨房磨菜刀的磨刀石和用于抛光材料表面的砂纸都是人们熟悉的磨削加工的工具，它们通过非常细小、坚硬的磨料颗粒刮擦材料表面而去除材料，其特点如下。

1）加工后的表面非常光滑。

2）加工后的尺寸精度非常高。

3）即使是硬质合金和淬火后的硬的材料也可以加工。

4）磨削余量小，加工时间长。

磨削加工是在车削、铣削或淬火后进行的精加工。

12　磨削加工的种类

广义的磨削加工包括使用由磨料粘结而成的砂轮的狭义磨削加工和直接使用磨料的研磨加工（见图 7-8）。在磨削加工中，根据磨削面的形状不同有平面磨削、内圆磨削和外圆磨削，分别使用专用的磨床和砂轮进行加工。更精密的磨削加工有珩磨和超精加工。

使用磨料的研磨加工有滚筒研磨、抛光、喷砂等。日常生活中使用的牙膏就是一种研磨加工的磨料。

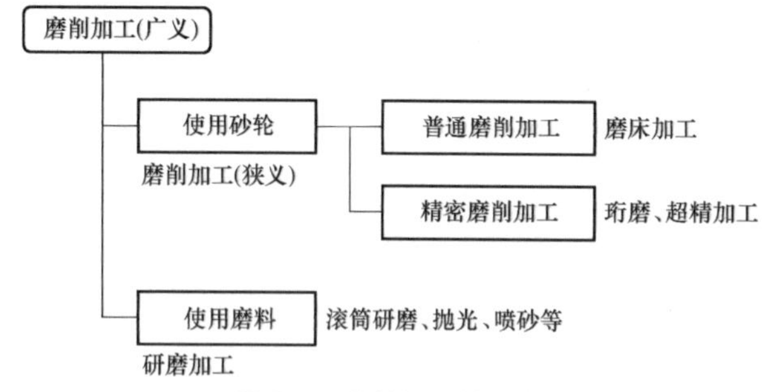

图 7-8　磨削加工的种类

13 刮削加工

一个完全平整的平面先由机床进行平面加工，然后由手工完成。加工前需要在专用检具或与工件相配合的零件表面涂一层红色的显示剂，并和待加工的表面进行对研，之后表面的凹面部分会留下颜色，凸面部分会清晰显示出来，然后用刮刀去除凸面部分数微米，最后形成鳞状平面，这种加工方法称为刮削加工。但是，当只有两个工件对研时，在某些情况下即使两个面不平也可能互相匹配，所以需要通过将 3 个工件的面交替组合对研，最终才能形成一个接近完美的平面。

7.2 使用模具的成型加工

1 成型加工的分类和特点

使用铸模等模具的加工方式称为成型加工。虽然加工精度不高，但是由于一次就能成型，所以适合大量生产。成型加工有以下种类。

1）用模具进行冲裁和弯曲的钣金加工。

2）将熔化的金属浇入模具中的铸造成型。

3）将熔化的塑料射入模具中的注射成型。

4）通过施加强力使材料产生塑性变形的锻造成型。

5）夹在旋转的轧辊之间改变材料形状和尺寸的轧制成型。

6）通过模具的孔而成型的挤压和拉拔加工。

2 钣金件的冲裁加工和弯曲加工

薄金属板称为钣金件，将钣金件夹在模具之间，进行冲裁或弯曲等加工称为钣金加工。因为加工速度快，所以适合大量生产。在机械中，多用于生产盖板或零件的支架。

冲裁加工是像剪刀一样用两个刀刃进行切断加工，在压力机中利用凹模和凸模完成冲裁（见图 7-9a）。

在钣金件的弯曲加工中，弯曲处有轻微回弹的性质，所以想要弯曲成直角，必须使其弯曲角度大于直角（见图 7-9b）。另外，弯曲的内侧一定会有圆弧。该圆弧最小半径随板厚度的不同而不同。例如，如果板厚为 2mm，则弯曲半径也为 2mm。

3 深冲成型加工和翻孔加工

深冲加工可以把 SPCD、SPCE、铝等柔韧且容易伸长的板材加工成立体形状（见图 7-9c）。

翻孔加工通常会涉及在钣金件上加工螺纹（图 7-9d）。螺钉的长度至少需要与螺钉直径相同。当钣金件较薄时，可以通过翻孔这种工艺，使用特殊的冲头冲制出带有竖直边缘的孔，从而保证螺纹深度。例如，可以通过这种方法在 2mm 厚的钣金件上加工 M4 螺纹孔。在薄板上加工螺纹的方法，除此之外还有压铆螺母和焊接螺母。

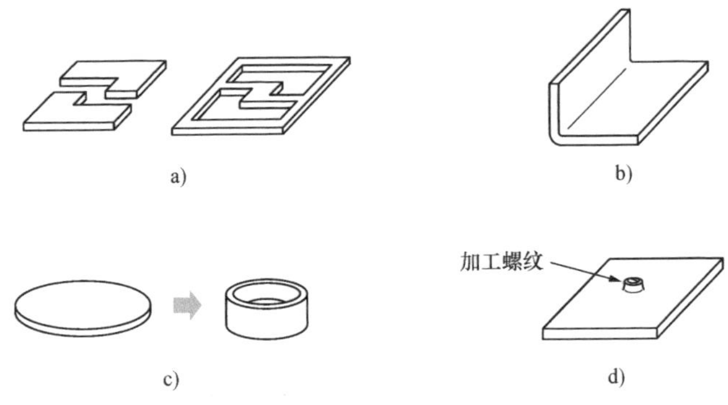

图 7-9　钣金加工的种类

a）剪裁加工　b）弯曲加工　c）深冲成型加工　d）翻孔加工

4　铸造的特点

即使是复杂的形状，也可以通过将熔化的金属浇入模具中而一次成型，这是铸造的特点。铸造对材料浪费较少，是一种非常有效的适合大批量生产的加工方法。另一方面，因为生产出的工件的尺寸精度和表面粗糙度较差，所以必要的情况下，工件在铸造后需要继续通过切削加工完成。铸造时使用的模具称为铸模，成品称为铸件。

5　砂型铸造法和压铸铸造法

铸铁具有硬度高、耐磨性好、吸振性好，常用于机床的床身和底座。

铸造用的铸模不能用钢铁材料制作，因此使用耐热性优良的砂型，所以称为砂型铸造法（见图 7-10）。取出铸件的时候会破坏砂型，所以砂型都是一次性的。

除了钢铁材料以外，铝和铜等熔点低的材料可以使用钢铁材料制作铸模，钢铁模具的优点是可以多次使用，这种铸造方法称为压铸铸造法。

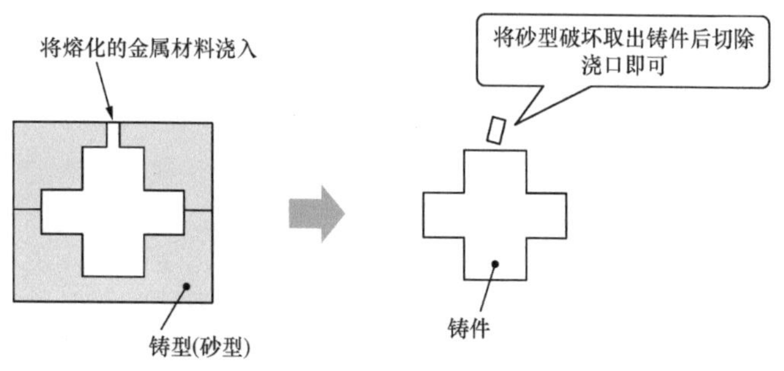

图 7-10　砂型铸造法

6　加工塑料件的注射成型

将溶化后的塑料射入模具中的加工方法称为注射成型。塑料的熔点低，与铸造相比加热容易。像塑料瓶一样中空的零件，需要事先将材料制成管状，然后将其像气球一样在模具中充气，这种加工方法称为吹塑成形，当产品体积较大的时候则使用滚塑成形。

7　锻造加工

锻造是一种通过对金属坯料施加压力使金属组织更加致密并且具有一定形状的加工方法（见图 7-11）。刀和剑就是通过用锤子锻打烧红的坯料制成，这叫作自由锻。另一方面，当使用模具对坯料进行加工时称为模锻。

一般私家车的铝制车轮轮毂是铸造品，高级的轮毂则是由锻造制成。锻造轮毂因为强度较高，所以材料用量很少，能实现轻量化，从而可提高行驶性能，也有助于提高燃油经济性。

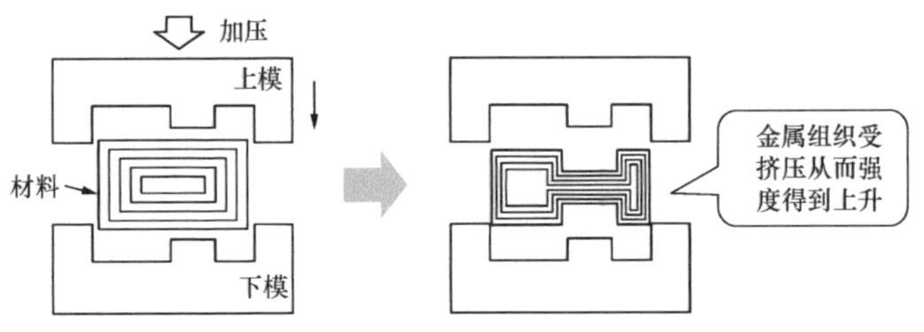

图 7-11　锻造的特点

8　轧制成型

轧制是金属材料在旋转轧辊的压力作用下，改变金属断面形状和尺寸的加工方法。制造商不仅将这种方法用于生产板材，而且还用于 L 型角钢和 C 型槽钢等型钢的加工。

轧制分为在再结晶温度以上进行的热轧和直接在常温下进行的冷轧。轧制成品中，表面有黑色氧化层的是热轧品，表面光滑、干净的为冷轧品（见图 7-12a）。

9　挤压和拉拔加工

挤压和拉拔用于加工铝制窗框类的长条状型材。长条状型材的特点是无论从哪个位置切割，都有相同的截面。加工过程中，材料需要通过具有所需截面形状的孔的模具而成型（见图 7-12b）。这种型材通常制成 2m 或 4m 的固定长度，然后再切割成所需的长度。

市面上的型材有各种截面形状。可以通过制作新的模具来生产定制的原创产品。

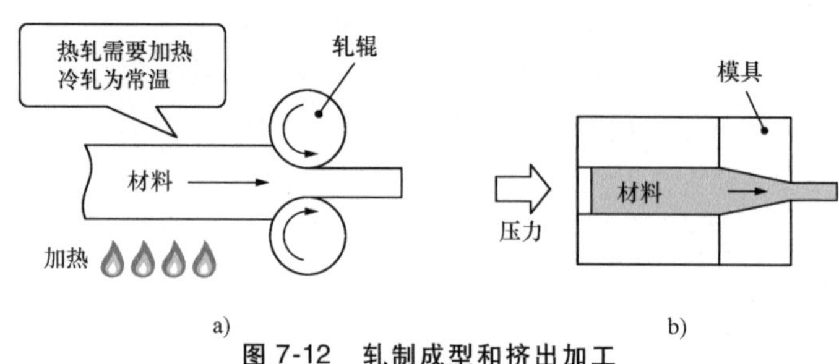

图 7-12　轧制成型和挤出加工

a）轧制成型　b）挤压加工

7.3 材料间的接合加工

1 接合加工的种类

如图 7-13 所示，将材料和材料进行接合有各种各样的方法。其中，熔焊是通过加热或加压使对象物熔化并接合的一种方法，它是接合物体可靠性最高的方法。

钎焊则不溶化对象物，只熔化钎料进行接合。借助钎料的渗透，钎焊可用于复杂形状和不同金属材料之间的接合，这是它的一个特征。钎焊也是焊接的一种。

第 3 章介绍的螺纹连接是唯一可以拆卸的接合方法。对于其他接合方法，必须破坏才能分离。

压装是将相对于孔径稍粗的轴压入孔内，通过过盈配合进行固定，适用于定位销的固定。另外，热装和冷装是利用热胀和冷缩的原理进行固定的方法。

接合方法	接合的可靠性	容易分离性	特点
熔焊	◎	×	接合强度最高，可降低成本
钎焊	○	×	母材不被熔化
粘接	△	×	加工成本低，接合的可靠性不高
螺纹	○	◎	唯一可以拆卸的接合方法
压装(热装、冷装)	○	△	对无法使用螺纹连接的轴类连接有效
铆接	○	×	将铆钉穿入孔，将两端墩粗成钉头固定

图 7-13 各种接合方法的特点

2 熔焊的优点

熔焊的优点是能得到高的连接强度，并且比切削加工更便宜。

如果利用切削对大尺寸工件进行加工的话，不仅耗时较长，而且还会浪费材料。相比之下，熔焊则加工时间短，也没有材料的浪费。但是，由于熔焊的热量会导致变形，所以对精度有要求的工件需要在焊接后通过切削加工完成。尺寸小的工件适合切削加工，尺寸大的工件则适合熔焊（见图 7-14）。

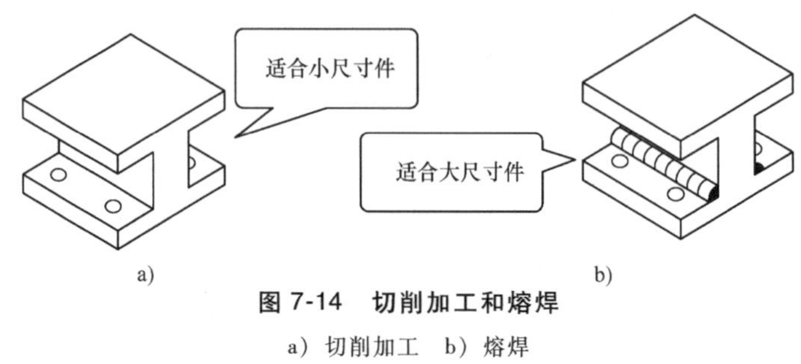

图 7-14　切削加工和熔焊

a）切削加工　b）熔焊

3　熔焊的种类

熔焊根据热源的不同分为气焊和电焊（见图 7-15）。电焊有使用焊条的电弧焊和不需要使用焊条的电阻焊。电弧焊使用电弧作为热源进行接合。由于使用与母材同材质的焊条，母材和焊条会熔化为一体，焊接部位隆起，呈鱼鳞状。

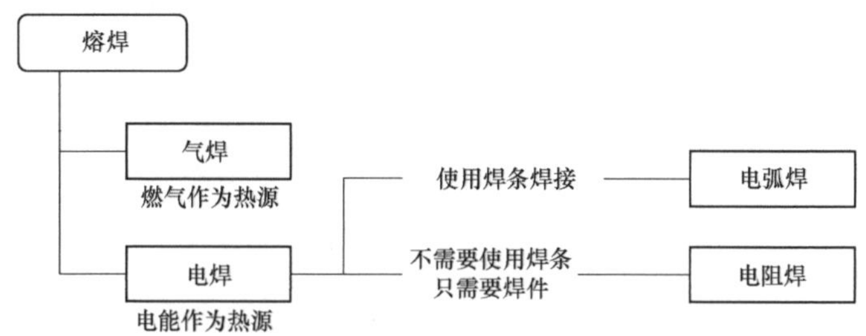

图 7-15　熔焊的分类

电阻焊是将焊件彼此重叠并且通电，利用电流流经焊件接触面产生的电阻热将焊件熔化而接合，主要用于钣金件的焊接。因为不使用焊条，所以电阻焊件的外观很漂亮，多用于汽车车身的接合。

4　使用焊条的电弧焊

电弧焊主要有埋弧焊和气体保护电弧焊（见图 7-16）。用于埋弧焊的焊条兼作电极使用，是随焊接而熔化的消耗品。

气体保护电弧焊通过用气体保护焊接部位来防止氧化和氮化，进而提高焊接质量。它比埋弧焊成本更高，但可以获得更高的焊接质量。根据电极的材质和气体的种类，可分为 TIG 焊、MIG 焊、二氧化碳气体保护焊。

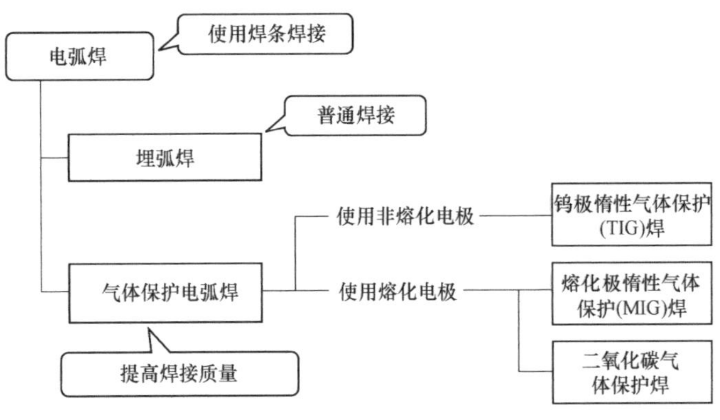

图 7-16　电弧焊的种类

5　不使用焊条的电阻焊

电阻焊是将两块金属板放在电极之间并且通电，此时会因接触处的电阻而发热，利用产生的电阻热将材料熔化，同时施加压力进行接合。因此，按压电极的地方会有轻微的凹痕。用单个焊点进行的焊接称为点焊，多个焊点的则称为凸焊，使用滚轮电极的连续焊接称为缝焊（见图 7-17）。焊接螺母采用的是凸焊将 4 个凸点焊接起来。

6　钎焊和粘接

对于需要熔化母材的熔焊，钎焊则只熔化比母材熔点低的金

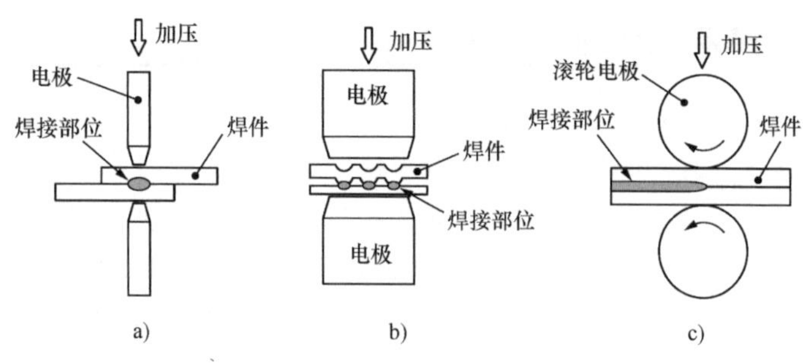

图 7-17　电阻焊的种类

a）点焊　b）凸焊　c）缝焊

属材料（钎料），利用毛细作用使液态钎料流入母材的缝隙进行接合。钎料的材料有银、黄铜、铝和镍等。

同样，在不改变母材的情况下进行接合的方法还有粘接。粘接剂主要是树脂基材料，有单组分粘接剂、双组分粘接剂、瞬间粘接剂、紫外线固化粘接剂。紫外线固化粘接剂只在照射紫外线的时候固化，所以容易控制，适合粘接工序的自动化。

7.4 局部熔化的特种加工

1 不加外力的加工

前文介绍的切削加工和成型加工都是通过施加力实现的，但是除了力以外还可以利用其他类型的能量，如利用光能的激光加工和使用电能的放电加工，还有通过化学反应成形的蚀刻加工。

另外，通过重复打印形成立体形状的加工方法是 3D 打印。以上这些加工方法因为不使用刀具，不对工件施加力，所以适合容易变形的薄壁零件和复杂形状零件的加工。

由于每种加工都因机床的不同而结果不同，因此就加工形状和加工精度在设计阶段与加工者进行沟通是最有效的。

2 使用光能的激光加工

在演讲中用于指示屏幕的激光笔是一种利用激光的产品。激光的定向性出色，通过提高输出功率并将其集中于一点可以用来熔化金属。激光加工即是将激光的能量转化为热量，将工件熔化并成形（见图 7-18）。

激光加工的特点：

1）不需要车刀、铣刀、模具等工具。

2）工件不受力，不会产生变形。

3）发热少，不易产生热变形。

4）钻石等硬质材料也可以加工。

5）可通过程序自由设计激光轨迹。

6）切削量少，材料的成品率高。

7）适用于复杂形状和微小工件的加工。

8）不适合加工反射率高的纯铝或纯铜。

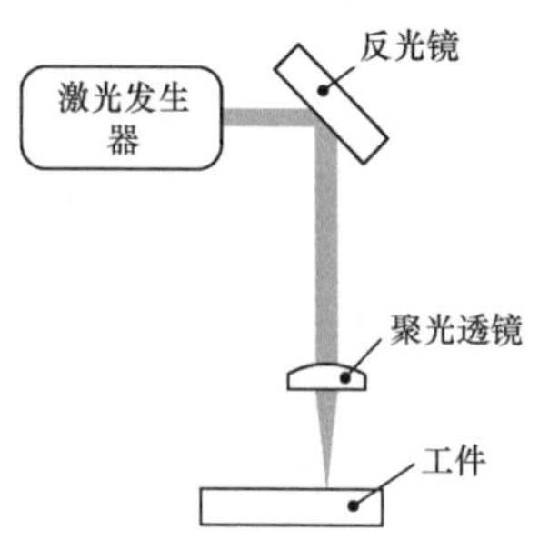

图 7-18　激光加工

3　使用电能的电火花加工

电火花加工是在电极和工件之间的间隙放电，产生近 6000℃ 的高温使工件局部熔化的加工方法。电火花加工的条件是电流必须要流经材料。包括超硬合金和淬火之后的硬质材料，特别是成型加工所用的高硬度形状复杂的模具，都可以用电火花加工精密成形。

电火花加工分为电火花成形加工和电火花线切割加工（见图 7-19）。

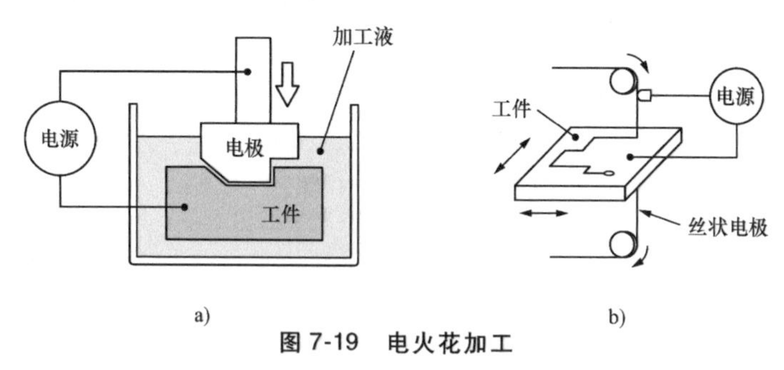

图 7-19　电火花加工

a）电火花成形加工　b）电火花线切割加工

4　电火花成形加工

电火花成形加工所用成形电极的形状由所需要的工件形状复

制而成。加工时向工作液中通电产生火花，利用比热量熔化金属。电极使用铜等软材料制成，电极本身可以容易加工。电火花成形加工精度可达到 1μm 的高精度。

在铣削加工中，铣刀的刀尖圆角会使得加工好的工件也带圆角，但电火花加工却可以加工出 90°的尖锐边缘。通常所说的电火花加工，就是指这种电火花成形加工。

5 电火花线切割加工

电火花线切割使用的是线电极。加工时事先在工件上钻一个小孔，将直径 0.2~0.3mm 的金属丝穿过此孔，通过电极和工件之间放电产生的热量熔化工件。通过左右前后移动工件以形成想要的形状。因为工件的移动轨迹是由程序控制的，所以很容易通过程序改变工件的形状。

6 刻蚀加工和 3D 打印

刻蚀是使用化学药品溶解材料形成所需形状的加工方法。刻蚀加工一般用于印制电路板的布线，并可以对接线端子进行间距为 0.1mm 水平的微细加工。

3D 打印是通过打印制作三维物体的加工方法。即使每层的打印量很薄，通过多次打印堆叠也能增加厚度。与其他加工方法不同，3D 打印最大的特点是可以通过程序设计打印的形状。因为需要的打印时间较长，所以不适合大量生产，它适合小批量生产和可能需要设计变更的试制品的加工。3D 打印的材料根据打印机的不同不仅可以打印塑料，还可以打印金属。

7.5 专题：创建自己的设计机密文件

在进行设计过程中收集到的加工、成本、交货期、购买品等信息是一种宝贵的资产，所以对其记录保留是非常有用的。关于保留这些信息的方法，笔者尝试了各种各样的方法，不过，整理成一本 A4 文件是最方便实用的。

在一张纸上只写一个信息。在上方写上日期，然后写上“铣床的加工精度”等信息的标题，以及具体的信息，最后写上信息源，不对它们进行分类，把这些文件放在一起。笔者也曾经制作过索引进行分类，但有时 1 个信息会在多个领域重叠，结果并不理想。

这样的信息最好手写在纸上。信息不仅仅是文字，也有图表，所以手写肯定比用电脑记录快。应该避免将信息作为数据存储在电脑中。对于可检索的信息，如会议记录和 JIS 标准等，数据库具有优越性，但是知识信息基本是用手写在纸上。

这样一来，当需要的时候，因为不知道文件在哪里，就会在自己能想到的地方翻找。这样也不错，忘记了的信息常过过目，就会加深记忆，最终牢固地掌握。

第8章 降低成本的设计要诀

8.1 考虑制造的设计

1 切削加工是刀具形状的复制

切削加工的特点是将刀具形状直接复制到工件上（见图 8-1）。车削和铣削加工中，刀具的刀尖圆角被复制到工件角部，即图纸中角部的半径尺寸 R 与刀具刀尖圆角尺寸相同。

因此，设计的诀窍是尽量增大工件角部半径 R 值，并在尺寸数值前加上“<”，以便加工人员在加工时有更多的工具选择，最适合的工具规格交由加工人员决定。另外，在钻孔加工和立铣刀孔加工中也是如此，刀尖的几何形状会被复制到孔底。

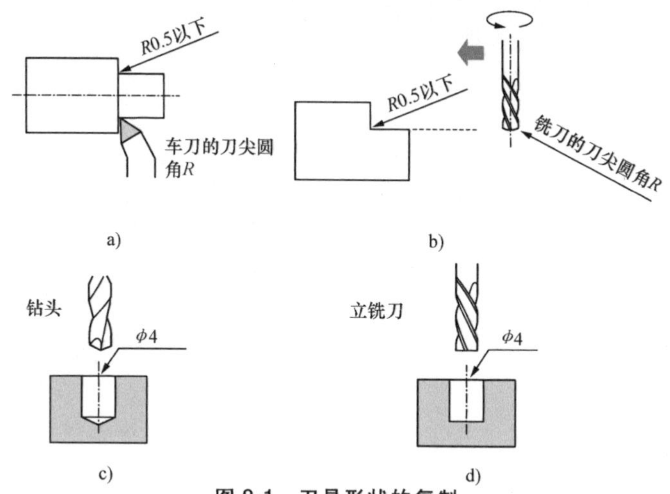

图 8-1 刀具形状的复制

a）车削加工 b）铣削加工 c）钻孔加工 d）立铣刀孔加工

2 只装夹一次的设计

利用车床对圆柱体的两端面开孔时，试着比较一下没有贯通的设计和贯通的设计。在图 8-2a 未贯通的情况下，加工 A 孔后，必须将工件从卡盘上取下，左右反转，然后再次夹紧。不仅作业时间增加，取下检查时 A 孔和 B 孔的中心位置也会产生偏差，会导致 0.02~0.05mm 左右的同轴度。

另一方面，如果孔贯通的话，加工 A 孔之后可以继续加工 B 孔，所以不需要重新装夹，而且 A 孔和 B 孔的中心位置完全重合。通过以上这种设计，在车削加工中实现了不需要重复装夹的目的。

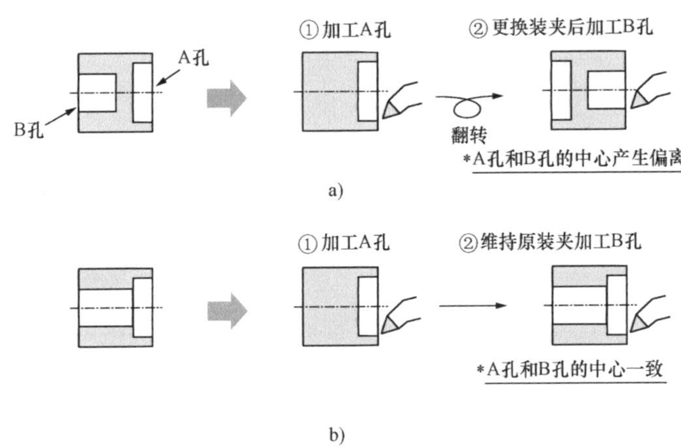

图 8-2　只装夹一次的设计

a）需要反复装夹的设计　b）只需一次装夹的设计

3　配合用的凹槽应设计在轴上

当要求孔和轴之间配合的密封性时，可以使用 O 形圈。安装 O 形圈的凹槽应设计在轴上，而不是孔上（见图 8-3）。这是因为如果在孔的内侧加工凹槽的话，看不到刀具和切屑，很难加工；与此相对，在轴上加工凹槽，可以实时掌握加工状况。另外，组装时也很难将 O 形圈安装在孔的凹槽内。

4　轴的圆角和孔的倒角

当需要把阶梯轴装入孔中时，对于轴的阶梯角部圆角半径 R

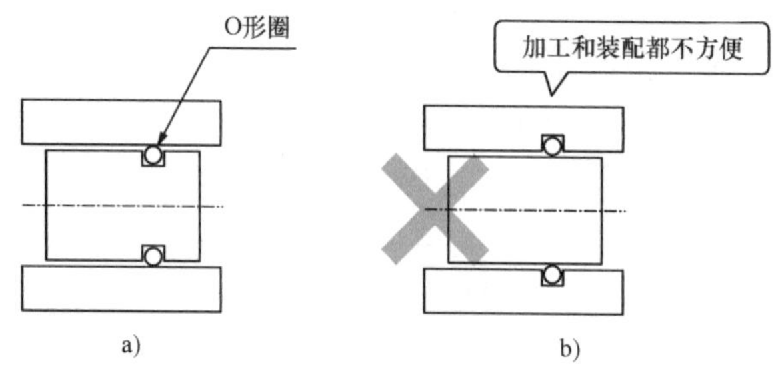

图 8-3 凹槽的加工

a）加工在轴上 b）加工在孔上

和孔入口处的倒角 *C*（见图 8-4），装配条件为“轴的圆角半径尺寸 *R*<孔入口的倒角尺寸 *C*”。

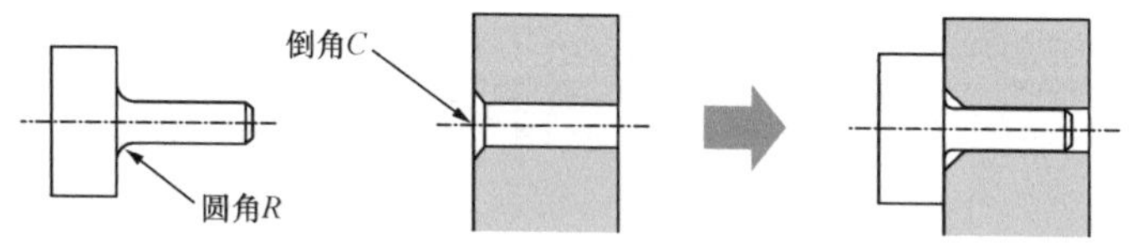

图 8-4 圆角半径尺寸 *R* 和倒角尺寸 *C*

5 凹平面角部半径

当想要在零件的上表面成形凹平面时，需要用立铣刀加工。因为四个角部的半径由立铣刀的半径 *R* 决定，所以考虑加工的效率，使用直径大的立铣刀比较高效。因此，设计时应尽可能增大四个角部的半径 *R*，在半径 *R* 尺寸数值前加上“<”，以便扩大立铣刀直径的选择范围（见图 8-5）。

当不想在角部出现 *R* 角时，可以通过后述的避空加工进行应对（见图 8-12）。

6 靠近侧面的孔的加工尺寸

钻孔时，如果孔与侧面接近，由于加工阻力的不同，孔会翘

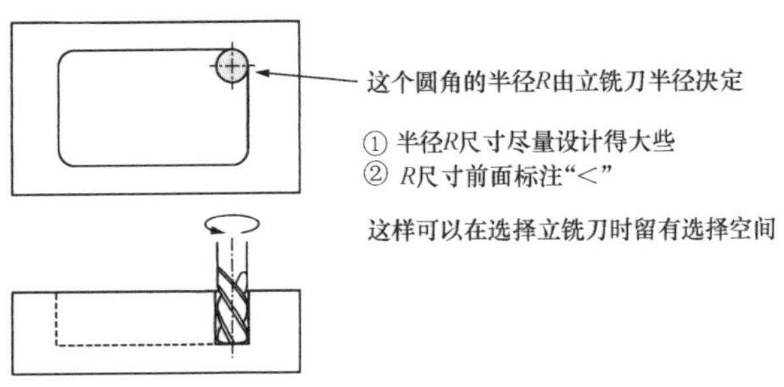

这个圆角的半径R由立铣刀半径决定
① 半径R尺寸尽量设计得大些
② R尺寸前面标注“<”
这样可以在选择立铣刀时留有选择空间

图 8-5　凹平面角部半径 R 的尺寸

曲，因此应确保孔加工后有一定的壁厚。图 8-6 总结了钻孔和高精度孔时的最小壁厚尺寸标准。若加工后的尺寸不可避免地小于该尺寸时，在加工孔后应对侧面进行切削加工。

另外，如果在斜面上加工孔或螺纹，由于加工阻力的差异，孔也会翘曲，所以设计时要将孔设计在平面上。

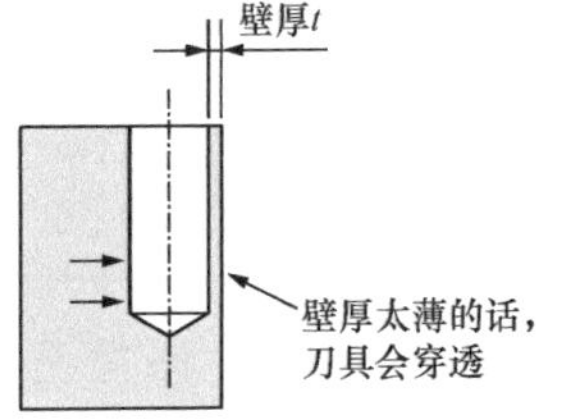

(单位:mm)

孔直径d	壁厚t(最小尺寸)	
	钻孔	精度孔
$d<5$	1	1.5
$5\leqslant d<25$	1	2
$25\leqslant d<50$	2	3
$d\geqslant 50$	3	4

图 8-6　靠近侧边的孔的加工尺寸

7　钣金件最小弯曲半径

折弯钣金件时，内侧有弯曲半径（见图 8-7a）。此时的最小弯曲半径以板厚为基准。例如，板厚为 2.0mm，则最小弯曲半径也为 2.0mm，但软铝板或铜板的弯曲半径可以更小。

另外，钻孔加工后，如果在其附近进行弯曲加工，则孔会变形，因此孔的位置需要和弯曲处保持一定的距离，标准值是板厚的 2.5 倍以上（见图 8-7a）。如果孔的位置和弯曲处的距离小于该标准值，则应在弯曲加工后再进行钻孔。

8　弯曲引起的鼓起量

对钣金件进行弯曲加工时，内侧会被压缩，因此其压缩部分会向侧面膨胀，膨胀鼓起的量大约是板厚的 15%。钣金件多用于传感器等的安装支架，因此，当并排固定这些支架时，需要考虑该鼓起量并保留一定间隙（见图 8-7b）。

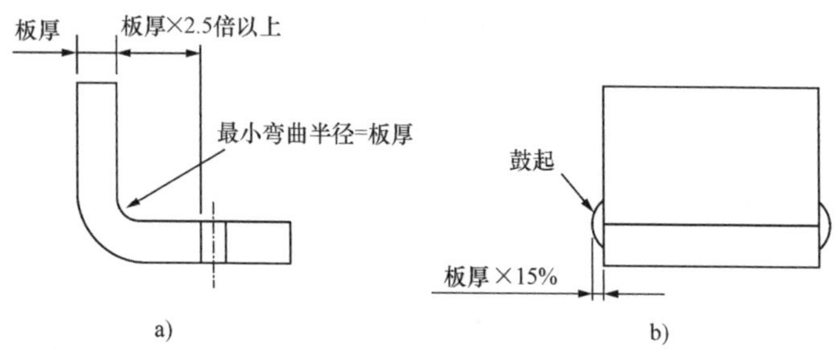

图 8-7　钣金件的最小弯曲半径和鼓起量

a）最小弯曲半径和孔的位置　b）鼓起量

9　去毛刺的倒角尺寸

无论采用何种加工方法，都会产生加工毛刺。因为毛刺很锋利，所以有割伤手的危险，而且如果脱落的毛刺卡在零件之间的话，精度会变差。倒角加工最适合去除毛刺。*C*0.1～*C*0.3 的倒角尺寸足以避免割伤手部。如果是 *C*0.5 以上的尺寸，则需要进行切削加工，会大幅提高成本，因此需要注意。

10　铸件要与铸造厂家协商

在铸造时，熔化的金属被浇入铸型中，因此要求铸件的形状要利于金属液的流动。另外，在浇入后的冷却过程中，薄壁部分先冷却，厚壁部分后变冷，所以较大的壁厚差异会导致变形。因此，壁厚的设计应尽量均匀，即使有差异也应逐渐变化。另外，如果零件内部有空腔，就需要使用型芯，但同时也要设计出固定它的方法。另外，根据铸件设计形状的不同，最终完成的尺寸也不同。

由于在铸件生产方面需要很深厚的专业知识，所以在制图过程中和铸造厂家进行沟通，并将得到的信息反馈到设计中是很重要的。

8.2 避空加工

1 高精度的配合

H7 孔和 g6 轴等高精度的孔、轴配合，是几乎没有晃动又能顺畅移动的配合。因此，如果有微小的异物进入或者孔、轴有弯曲，就会难以插入。

作为对策，在轴的中央部位进行如图 8-8 所示的避空加工，这样可以避免异物和弯曲的影响。另外，g6 公差轴的磨削加工面也会减少，因此加工成本也会降低。

在图纸上进行标注时，如果用直径来表示避空部位的尺寸，会被误以为该直径尺寸是有意义的，因此不用直径而是用外径的切削量来表示。例如，标注为“避空深度 0.5”。注意：这不是 JIS 标准的规定，而是自用的标注方法。

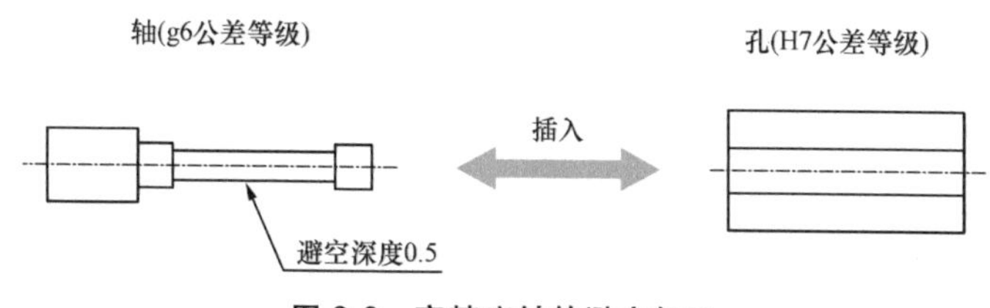

图 8-8 高精度轴的避空加工

2 高精度轴的固定

如前所述，用高精度配合固定轴时，如果用螺钉拧紧，轴表面会出现刮伤，无法拔出。如果强行拔出的话，又会带来划伤孔内表面的双重风险。作为对策，可对轴与螺丝接触的地方进行避空加工。避空深度 0.5mm 左右就足够了（见图 8-9a）。

无法对该轴进行避空加工时，可以在孔上加工宽度 2mm 左右的缝隙，然后用螺钉拧紧（图 8-9b）。

除此之外，还可以采用锁止件的方法。将直径比内螺纹的小径稍小，长度比自身直径稍长的黄铜棒放入螺纹孔中，然后用螺栓拧紧。由于黄铜质地较软，可以通过随着轴的表面形状变形来固定轴。这个黄铜零件叫作锁止件（见图 8-9）。

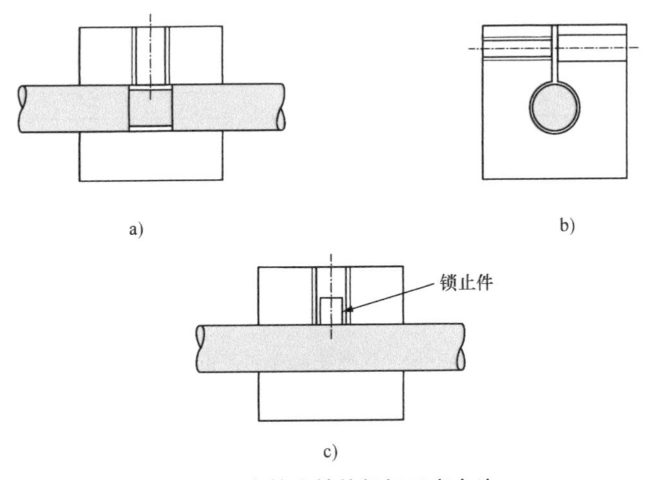

图 8-9　高精度轴的螺钉固定方法

a）轴的避空加工　b）缝隙加工　c）插入锁止件

3　同时接触是不可能的

如图 8-10a 所示，两个面不可能同时接触，即使看起来两个面都在接触，但其中之一必定会有缝隙。因此，通过对其中的一个面进行避空加工，将应该接触的面和有间隙的面明确分开。另外，在图 8-10b 中，两对 H7 孔和 g6 销在组装时，由于孔间距精度的影响，装配变得困难，因此应将一个孔设计为长孔来应对。

4　确保垂直度的避空加工

如果相对立铣刀直径来说，加工深度很深的话，则由于加工的反作用力，立铣刀会跑偏，难以确保垂直度。此时，需要重新考虑要求垂直度的深度，对不要求的面进行避空加工（见

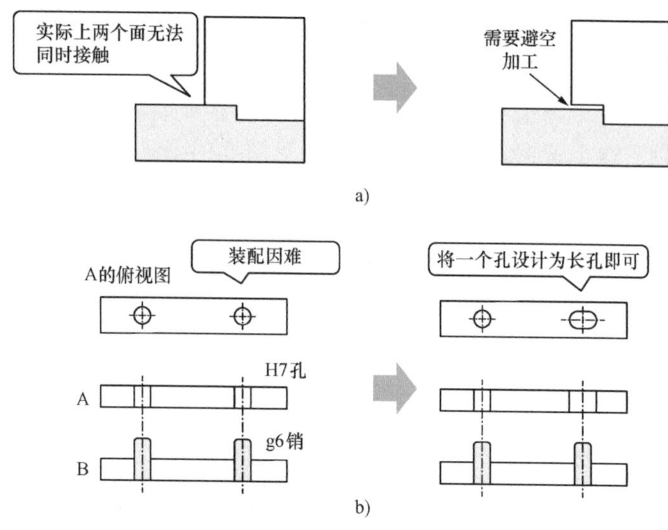

图 8-10 同时接触是不可能的

a）方形的避空加工 b）长孔的避空加工

图 8-11）。加工深度一般应小于立铣刀直径的 2 倍。

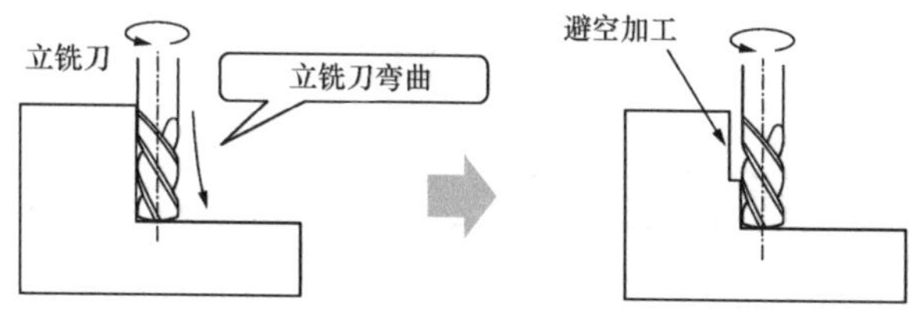

图 8-11 确保垂直度的避空加工

5 当四角不能有圆角时

在图 8-5 中，如果不许在凹平面的四角处有圆角，则可通过避空加工来对应（见图 8-12）。此时的避空宽度是立铣刀的直径，所以应为半径 *R* 设一个较大的数值，并在数值前加上“<”。

6 孔的深度不超过直径的 5 倍

如果孔深超过直径的 5 倍，则会导致如下问题：

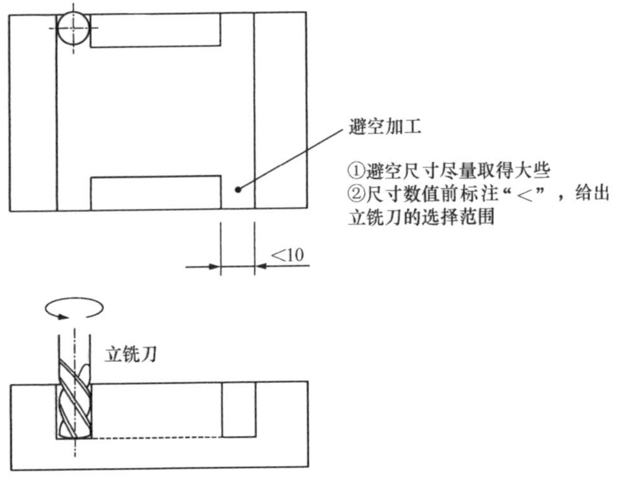
避空加工
①避空尺寸尽量取得大些
②尺寸数值前标注“＜”，给出立铣刀的选择范围
＜10
立铣刀

图 8-12　凹平面四角不允许有圆角时的应对方法

1）需要特殊规格的长钻头。

2）钻头易弯，很难钻出笔直的孔。

3）钻头容易折断。

因此，孔深不要超过直径的 5 倍；当超过 5 倍时，在不需要的深度上，以大些的直径进行避空加工（见图 8-13）。

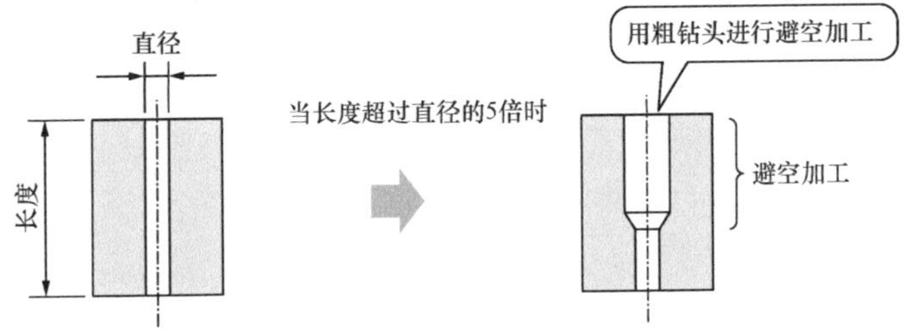
直径
长度
当长度超过直径的5倍时
用粗钻头进行避空加工
避空加工

图 8-13　孔深不超过直径的 5 倍

7　外螺纹和内螺纹的避空加工

当对阶梯轴进行外螺纹加工时，如果有不完全螺纹部分，不仅内螺纹加工时刀具无法到达最深处，而且螺纹的加工性也不好，

因此要进行避空加工。避空宽度在 2 倍螺距以上，深度比螺纹的小径小。用镗刀加工内螺纹时，避空宽度也需要 2 倍螺距以上（见图 8-14）。

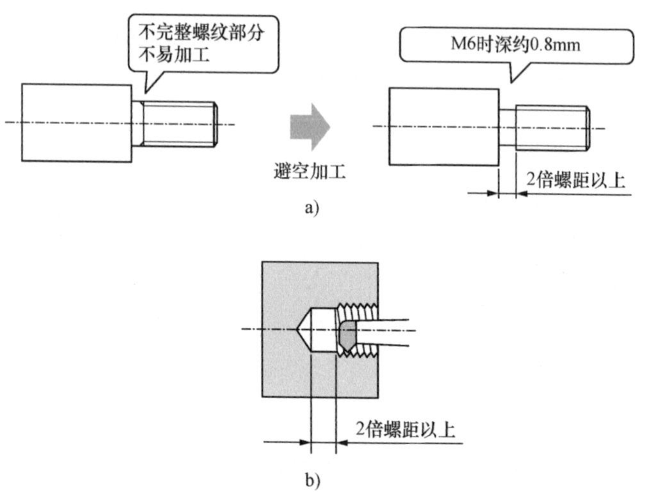

图 8-14　外螺纹和内螺纹的避空加工

a）外螺纹的避空加工　b）内螺纹的避空加工

8.3 考虑装配的设计

1 重要的基准

重要的是要统一基准。左右、前后、上下分别确定相应的基准。如图 8-15a 所示，想要将 A 零件和 B 零件的孔位置以左端面为基准对齐时，如果 A 零件和 B 零件与左端面基准的公差均按±0.1mm，则两孔中心的最大偏差为 0.2mm。如图 8-15b 所示，B 零件以右端面为基准时，最大偏差扩大至 0.3mm。如果将偏差设为相同的 0.2mm，则 B 零件的公差必须从±0.1mm 变为±0.05mm。为了消除这样的浪费，统一基准是很重要的。

另外，不是对每个零件和机器每次都分别确定基准，而是将基准标准化，这样就可以不经修改地直接使用其他机器的图纸。关于图纸的直接使用在第 10 章也有介绍。

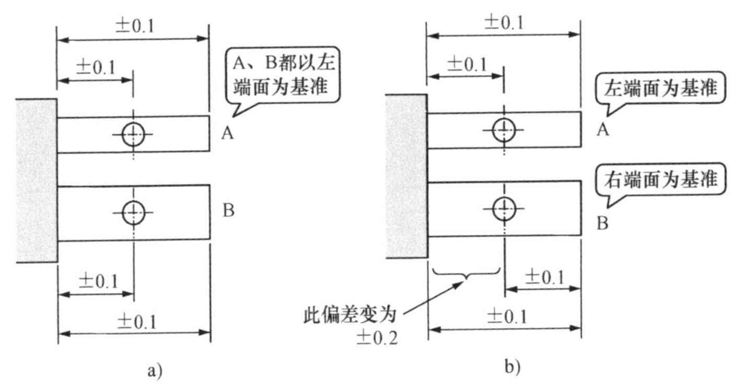

图 8-15 基准面不同

a）基准面相同 b）基准面不同

2 螺钉固定位置精度的实现

用螺钉固定零件 A 和零件 B 时，如何实现固定位置的精度呢？

如图 8-16a 所示，在零件 A 上叠放零件 B 进行固定的方法中，由于零件 B 上的孔和螺纹大径之间有间隙，所以直接进行螺纹固定的话会有较大的位置偏差。因此，必须使用标尺或游标卡尺等量具来确定位置。特别是在需要高精度的情况下，这是一项令人伤脑筋的任务。

因此，可通过设置“靠面”使作业变得容易，如图 8-16b 所示，如果两个零件都是以端面为基准的话，通过碰触靠面可以容易地对准位置。

另外，图 8-16c 所示是通过切削加工在零件 A 上产生靠面的方法。图 8-16d 所示是通过压入固定的销作为靠面的方法。通过以上这些方法，可以容易地进行组装。

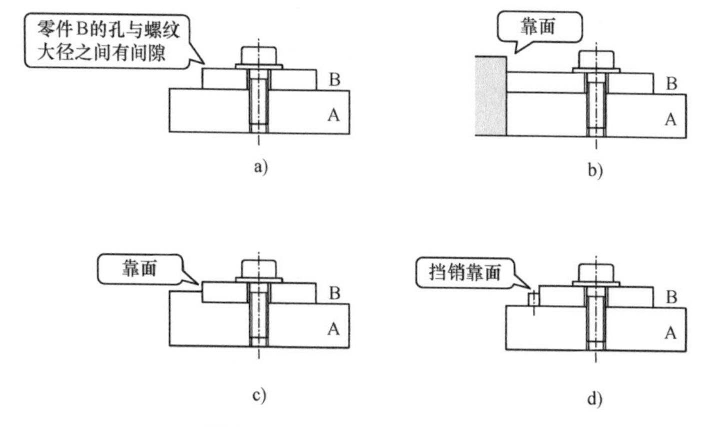

图 8-16　位置精度的实现方法

a）叠放固定　b）碰触靠面固定　c）切削加工的靠面固定　d）挡销靠面固定

3　压入销使用通孔

与销配合使用的销孔要尽量做成通孔。这是因为在压入销的时候，如果销孔中的空气不能逸出，则销就不能进入底部；而在需要拔出销的时候，对另一侧施加顶出力也可以容易地拔出（见图 8-17）。

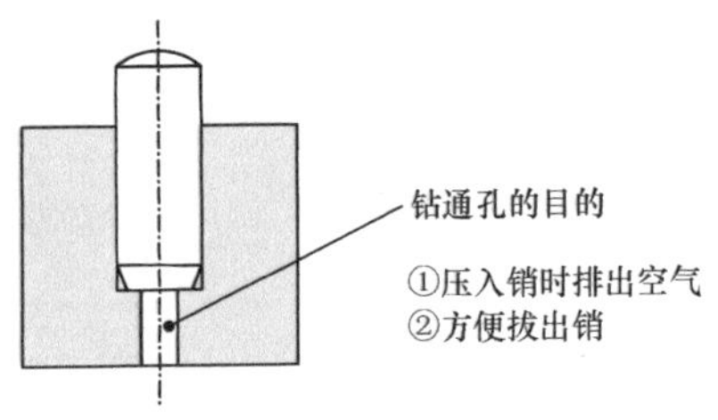
钻通孔的目的
①压入销时排出空气
②方便拔出销

图 8-17　压入销的通孔加工

4　螺钉全部从顶部固定

螺钉的固定都要从顶部进行（见图 8-18）。从底部固定螺钉不仅操作性差，而且维护时需要拆下其他不需要的零件。

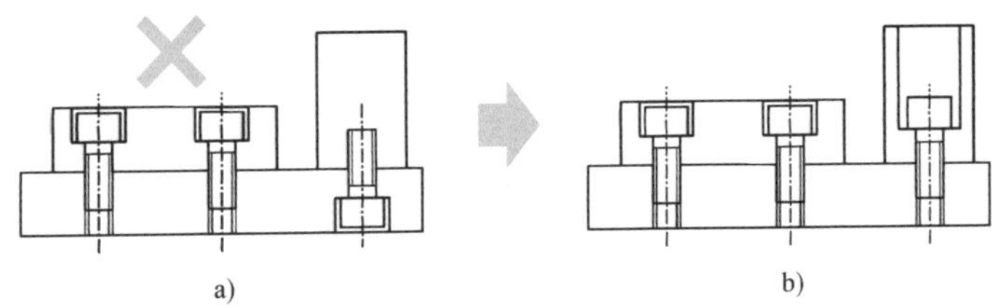
a)
b)

图 8-18　螺钉固定的方向

a）不好的设计　b）好的设计

5　多件同步加工使加工误差最小化

同步加工是使两个零件尺寸几乎完全相同的加工方法。当分别加工时会产生一定的误差。因此，如果两个零件一起固定在机床上同步加工，误差就会无限接近零（见图 8-19）。这种加工在零件图上标注“与××号图零件同步加工”。

6　装配图的完成度

在连接零件、布线和配管的组装作业中，最重要的是作为信息源的装配图的完成度。装配图是否明确了紧固的位置关系？是

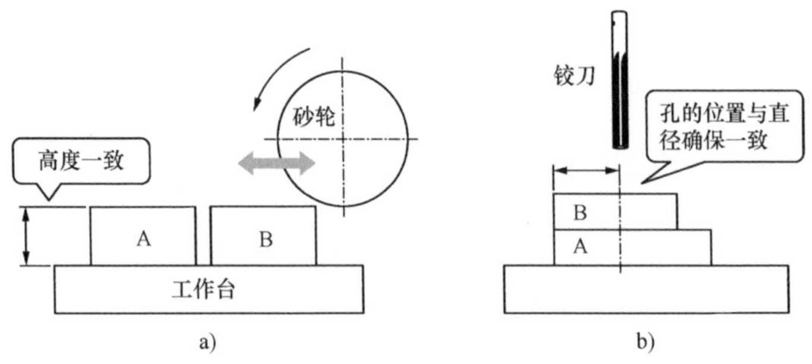

图 8-19 零件 A 和 B 同步加工的例子

a）用磨床同步加工 b）用铰刀同步加工

否明确了紧固时使用的螺钉种类、螺钉直径和螺钉长度？是否指示了布线和配管的方法？如果这些信息不完备，装配的作业者就必须按照实物进行作业。

无论如何都只能按照实物进行组合的情况下，可以在装配图和装配指示书上补记在 1 号机进行的最适合的作业方法，这对 2 号机以后能否顺畅地工作很重要。

8.4 考虑调整的设计

1 何为调整的便利性

能调整之处多的机器是好的机器还是不好的机器？答案是后者。

如果调整部位多，对于调整作业者和机器的操作员来说，作业的负担都会增加。完全不需要调整的机器是最理想的，但现实中，零件的加工精度、零件随时间而产生的变化，以及加工不同品种工件的需要，机器的调整是必要的，但设计应尽量减少调整部位的数量。

减少调整部位的另一个好处在于，机器本身不容易在未经授权情况下被仿制。即使分解竞争对手的产品并测量零件尺寸，也无法确定尺寸公差。调整部位多的话，可以用宽松的普通公差来加工零件，通过调整来提高完成度。另一方面，如果没有调整的部位，所有的零件都必须高精度地加工才能完全仿制，最终会导致成本过高，使得仿制失去意义。

2 用垫片调整位置

为了应对多品种和零件的尺寸偏差，我们来看看调整零件位置的方法吧。推荐使用垫片的方法。垫片是针对工同品种的零件事先准备好的，可根据具体情况进行更换。垫片应使用不同的颜色区分并编号，以便于识别。

如果用于固定垫片的孔不是完整的圆孔，而是图 8-20b 所示带切口的孔，只要将螺钉松动半圈就可以更换垫圈，操作非常方便。

3 用螺纹调整位置

对于品种多的情况和对象物的尺寸每次都不同的情况，使用

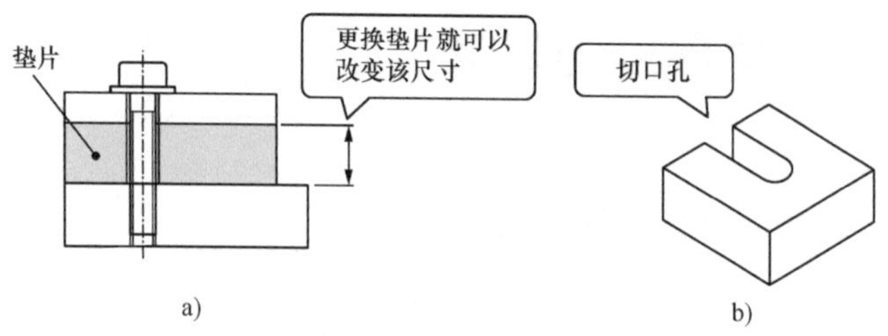

图 8-20　用垫片调整位置

a）垫片的使用示例　b）垫片上的切口孔

垫片就会变得不方便。此时，可以将螺钉的前端作为接触点，通过螺钉的旋转来进行位置的调整（见图 8-21a）。

此时，螺丝旋转 1 圈时的前进量越小，调整就越精密。因此，调节螺钉使用细牙螺纹而不是普通粗牙螺纹。例如，M4 粗牙螺纹的螺距为 0.7mm，细牙螺纹的螺距则为 0.5mm，因此旋转 1 圈可以调整 0.5mm，旋转半圈可以调整 0.25mm。

4　用千分尺头进行位置调整

如果要想使用上文介绍的调节螺钉将位置调整到较高的精度，需要同时使用刻度盘和测量指示器，但这是一个耗时费力的过程，这时候可以使用千分尺头。市面上有一种卸掉千分尺臂部棘轮的单体出售，可用这个装置代替螺钉。该千分尺头精度可达 0.01mm，不仅精度高，而且价格为 5 千～7 千日元，性价比较高（见图 8-21b）。

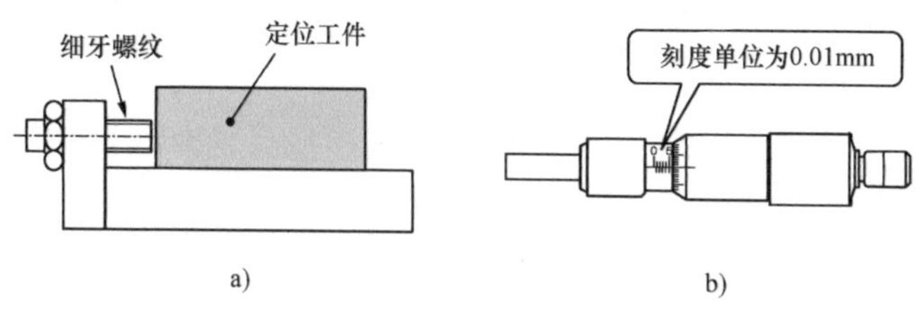

图 8-21　用螺纹调整位置

a）细牙螺纹的使用示例　b）千分尺头

5 通过实物装配进行位置调整

如果想高精度地输出几个零件装配后的联合尺寸，有根据实物配合进行调整的方法。例如，如果希望将5个零件的装配联合尺寸调整为±0.03mm，则通过简单计算，每个零件为±0.006mm。这个精度要求会大大提高加工成本。

因此，一种做法是将5个零件按上极限尺寸进行加工，然后将做好的5个零件组装起来进行实测。求出该测量值和目标值的差，并将其追加到一个零件上来对测量值进行修正。这种实物配作的追加加工要在装配图中标记出来。

6 数值调整

如果不能用数值来表示调整的程度，就只能配作调整，无法判断它是否是最佳值。数值化的优点是，调整时间很短，而且具有可重复性。

数值化有从刻度读取的模拟式和直接显示数值的数字式。前文所述的千分尺头的优点是可以从刻度读取数值。另外，用于驱动气缸的空气压力和真空吸盘使用的真空气压也可以通过数值进行调整。

7 外壳的装卸性

外壳在确保安全和防止粉尘方面很有效，根据用途的不同有固定型和开闭型。

对于有时会取下的固定型外壳，使用挂钩孔比较方便。将外壳孔加工成一大一小的双孔，而不是圆孔（见图8-22a）。大孔直径要比固定的螺钉头大，小孔直径与螺纹直径一致。安装时先将螺钉较松地拧入，然后将大孔对准螺钉头放入，此时松开手外壳下落，螺钉会与小孔接触，最后拧紧螺钉（见图8-22b）。

这个挂钩孔的优点是，只需要松开螺钉半圈就可以将外壳取

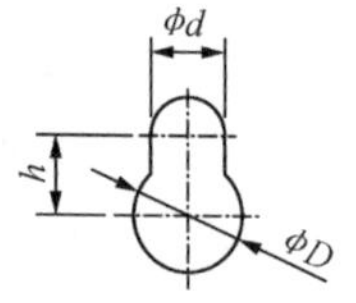

挂钩孔的尺寸　　单位：mm

	M3	M4	M5	M6
ϕd	4	5	6	7
ϕD	10	12	14	16
h	8	10	11	12

a)

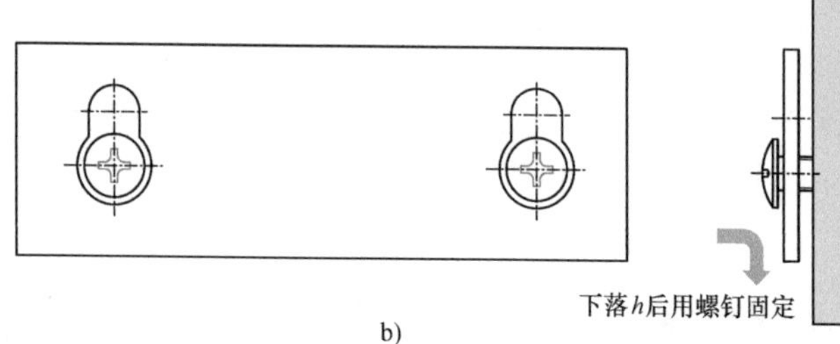

b)

图 8-22　挂钩孔

a）挂钩孔的形状　b）挂钩孔的使用示例

下，可以在螺钉拧入的状态下作业，螺钉也不会丢失。另外，对于需要两个人操作的大尺寸工件，采用这种方法一个人即可完成。

第9章

传感器和顺序控制

9.1 传感器

1 检测信息的传感器

传感器的功能是检测信息并感知当前的状况。例如，如果你想把室温保持在 25℃，首先你需要知道当前的室温。用传感器检测当前室温，如果与 25℃ 有温差，则进行控制以弥补该温差。换句话说，传感器的作用是感知如温度、光照强度、力、位置等物理量和对象物的有无，并将这些感知到的信息转换为容易控制的电压和电流信号。来自传感器的信号经由可编程控制器处理后，被连接到输出端（见图 9-1）。

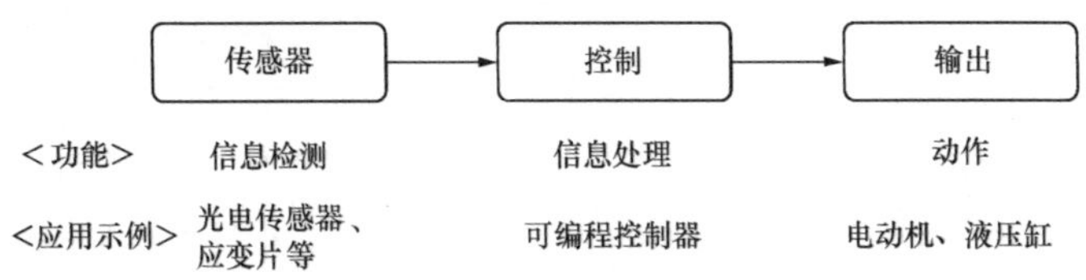

图 9-1 传感器的作用

2 人具有出色的感应能力

拥有最优秀传感器的是我们人类自己。就像“五感”一词所描述的那样，我们通过视觉、听觉、嗅觉、味觉和触觉器官来感知形状、大小、颜色、声音、气味、味道、硬度、温度等，进而产生进一步的动作。

另一方面，市面上销售的商业传感器不像人体那样具有所有功能，而只具有个别单独功能。

3 用于检测物体的传感器

在机器中，用于检测物品有无和位置的传感器非常重要。按检测方法的不同，可分为利用机械机构检测、利用光检测、利用涡流检测、利用图像检测四大类。

利用机械机构的是微动开关，利用光检测的是光电式传感器、光纤传感器、激光传感器，利用涡流检测的是接近传感器，利用图像检测的是图像传感器（见图 9-2）。

检测方式		传感器种类	特点
接触式	机械机构检测	微动开关	通过机械接触实现开关
非接触式	光检测	光电式传感器	用光实现非接触检测
		光纤传感器	用光纤传递光电传感器的光源
		激光传感器	使用激光具有高精度
	涡流检测	接近传感器	可检测被测件的物理特性
	图像检测	图像传感器	可对相机图像进行数字化处理

图 9-2　传感器的分类

4　微动开关

当按下微动开关的动臂时，动作簧片与开关内的端子接触，从而使电路接通或断开（见图 9-3）。微动开关体积小，价格便宜（数百日元）、使用方便，但检测的位置精度不高，因此，它被用于对物体的有无和通过等不需要精度的检测。限位开关是在微动开关的基础上安装盖子，以保护其不受水、油、灰尘的影响。

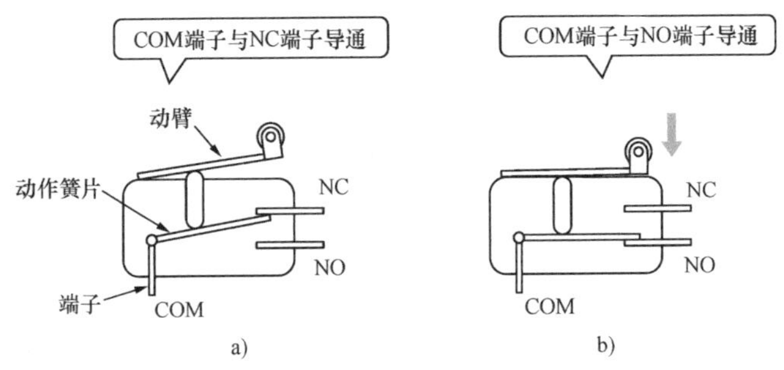

图 9-3　微动开关的结构

a）按下前　b）按下后

微动开关上有 3 个端子，分别为 COM、NO 和 NC。COM 是英文单词 common 的缩写，是公共端子的意思。

NO 表示常开，该触点平时是分离的，按下开关时该触点接触并且通电。NC 则相反，该触点平时是接触的，按下开关时就会被断开。可根据不同的应用选择连接 COM 端子和 NO 端子，或是连接 COM 端子和 NC 端子。

5 光电式传感器

光电式传感器是由发出光的发光元件和接收光的受光元件组合而成的传感器（见图 9-4）。它利用了光被遮挡时，接收到的光量会减少的事实。与之前的微动开关不同，其特点是不接触对象物就能实现检测，响应速度很快，便宜的只需要几百日元，很便宜，所以被广泛使用。

图 9-4 光电式传感器

a）反射型 b）透射型

不管是金属、塑料，还是液体等材质都可以检测，因此光电式传感器使用方便。根据光接收方式的不同，光电式传感器可分为反射型和透射型。

因为检测的量是光量，如果元件表面被污染的话，检测的精度会受到影响。特别是当传感器朝上使用时，大气中的灰尘和异物容易落下并附着在元件表面，所以需要注意。

6 光纤传感器

光纤传感器是光电式传感器的一种，是使用细光纤的传感器。

光电式传感器的发光面和受光面比较宽，而光纤传感器的光斑直径为 1mm 左右，可以检测到微小的对象物。因为光纤可以弯曲，所以适用于狭窄、错综复杂，以及距离较远位置的检测。

光纤传感器和光电式传感器一样，有反射型和透射型两种（见图 9-5）。这两种类型都是将光纤单元和光纤放大器组合使用。

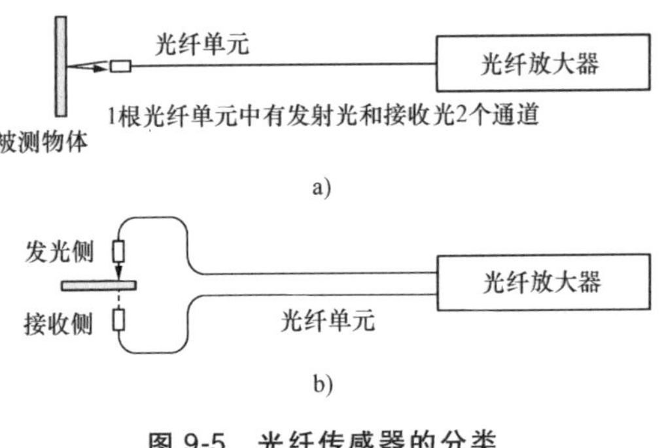

图 9-5 光纤传感器的分类

a）反射型 b）透射型

7 激光传感器

激光传感器虽然比光纤传感器的价格要高，但能以更高的精度进行检测。激光传感器有反射型和透射型，它的特征如下。

1）因为能看到光线照射的点，所以容易调整位置。

2）激光器的定向性高，可以进行 10m 等长距离检测。

3）光斑直径可以达到 50μm 水平，可以检测微小对象物。

8 接近传感器

到现在为止介绍的利用光进行检测的传感器虽然操作方便，但容易受到被测物体的表面粗糙度和水、油、灰尘等附着物的影响。

与此相对，接近传感器利用了金属被测物接近时检测线圈的阻抗会发生变化（见图 9-6），因此即使被测物表面粗糙、有水和油等附着物也能被检测到。利用检测金属的特点，接近传感器可以透过不透明的塑料罩检测金属被测物。

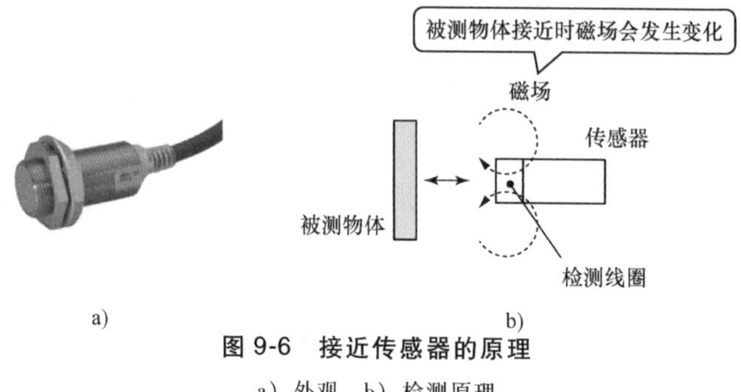

图 9-6　接近传感器的原理

a）外观　b）检测原理

9　图像传感器

图像传感器又称视觉传感器，用于对相机拍摄的图像进行数据处理，适用于多种应用场合。图像传感器可被用于位置、尺寸、数量和缺货的测量，还适用于其他传感器难以检测的变形、异物附着和颜色等的检测。

相机拍摄的图像，通过 CCD 和 CMOS 等图像元件被转换为数字信息。图像元素是由像棋盘一样格子状排列的小像素构成的。也就是说，像素数越高，得到的信息越详细（见图 9-7a）。

另一方面，像素数越高，处理时间也越长。图像传感器系统由于需要相机、控制器、照明、照明电源、监视器（见图 9-7b），所以价格昂贵，并且在使用时需要图像处理的专业知识。

10　其他传感器

到这里为止介绍了可用于检测物品有无和位置的传感器。除此之外，其他用于检测位移、温度、磁场和光的传感器种类和特点如图 9-8 所示。

各传感器的性能在制造商的产品目录中均有描述，但检测的精度还需要使用实物进行评估。在这种情况下，制造商也会提供用于评估的借出服务，所以请充分利用这样的服务。

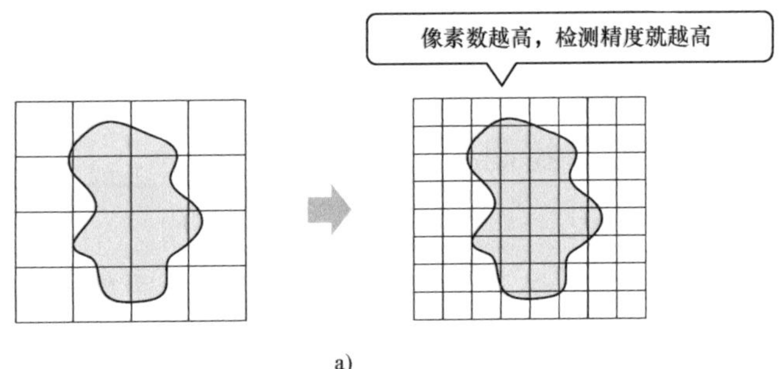

a)

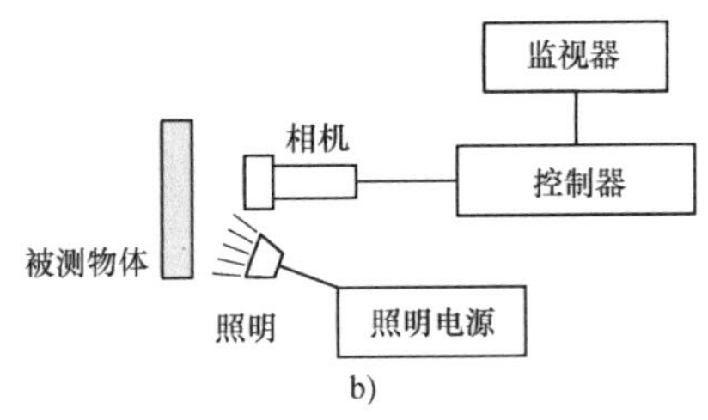

b)

图 9-7 图像传感器

a）像素数 b）系统构成

检测对象	传感器名称	特点
位移	电位计 磁尺 旋转编码器 应变片	通过电阻值的变化测量位移 计数经过微小间距NS极的数量 检测回转圆盘的缝隙数量 检测金属收缩引起的电阻值变化
温度	热电偶温度传感器 热敏电阻温度传感器 热释电红外传感器	检测连接两种不同材质导体闭合回路因温度变化而产生的电压差 检测因温度而变化的电阻值 非接触检测因温度变化而发出的红外辐射
磁场	磁性传感器	检测记录在磁性体上的数据
光	光传感器	检测因光能而变化的电阻值

图 9-8 其他传感器

9.2 顺序控制和控制器

1 什么是顺序控制

为了达到目的而对对象物进行操作称为控制。当你想看电视的时候打开遥控器按钮，不想看时把它关闭，这些都是手动控制的。另一方面，根据传感器的信号自动进行的开关控制称为自动控制。

顺序控制定义为“按照预先确定的顺序或程序，依次进行各个阶段的控制”。全自动洗衣机应用顺序控制，自动进行“供水→清洗→漂洗→脱水→干燥”的操作。其他应用还包括自动门、大楼电梯、自动售货机等。

2 反馈控制

不断检测以准确匹配目标值，并使其差值接近零的控制称为反馈控制。空调开启后会不断检测室温，如果温度有波动，就会通过反馈控制来匹配设定值。在顺序控制中虽然也有检测，但这种检测是用于确认动作的完成的情况，并决定是否转入下一个动作，而反馈控制中，检测的目的是寻求被控制结果的定量准确性。

上述两种控制方式并不是非此即彼的选择，必要时，两种控制方式可以一起使用。例如，机器人的动作顺序由顺序控制实现，机器人的停止位置精度则由反馈控制实现。

3 三个逻辑电路

让我们依次看看作为构成顺序控制基础的逻辑电路：与门电路、或门电路和非门电路吧（见图9-9）。与门电路，是仅在触点A和触点B同时接通时才有输出的电路，触点A和触点B为串联连接。在冲压装置中，为了防止手被误伤，采取了必须用双手同

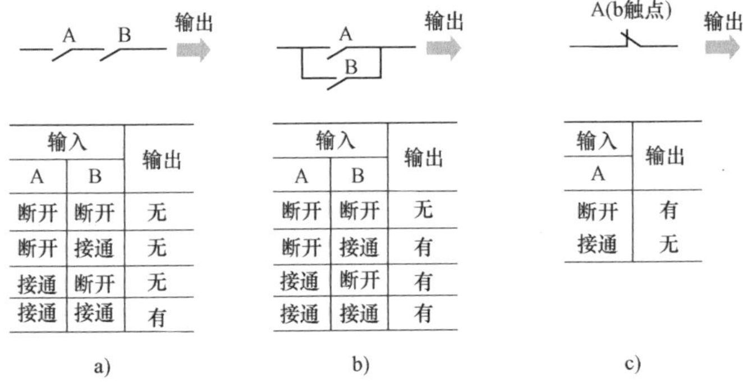

输入		输出
A	B	
断开	断开	无
断开	接通	无
接通	断开	无
接通	接通	有

a)

输入		输出
A	B	
断开	断开	无
断开	接通	有
接通	断开	有
接通	接通	有

b)

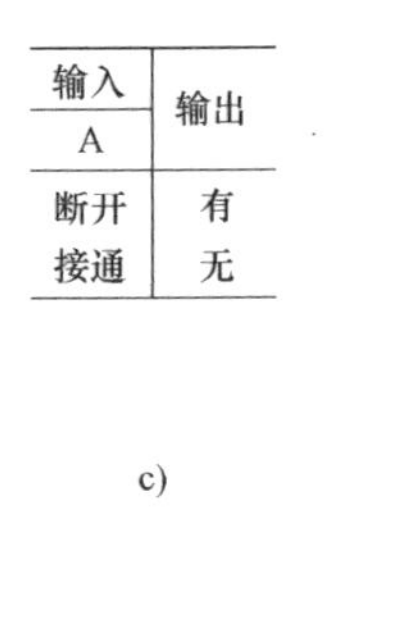

输入	输出
A	
断开	有
接通	无

c)

图 9-9　基本的逻辑电路

a）与门电路　b）或门电路　c）非门电路

时按下两处开关才能动作的安全措施，这即使用了与门电路。

或门电路是在触点 A 或触点 B 接通时即有输出，触点 A 和触点 B 为并联连接。或门电路在有多个启动条件时使用。

非门电路则是触点 A 断开时有输出，接通时无输出。

另外，触点也分两种，一种是操作开关时，会使断开的电路闭合的 a 触点；另一种是操作开关时，会使闭合的电路断开的 b 触点。

4　可编程控制器是什么

可编程控制器（Programmable Logic Controller，PLC）是一种可轻松对序列控制程序进行编程的控制设备。

PLC 最大的特征是，输入和输出设备都只需要与 PLC 单元连线即可，控制的顺序由程序决定。设计时不需要考虑布线，即使中途变更了控制顺序，只需要改写程序即可，而不需要重新布线。

5　PLC 的组成和连接

PLC 由存储器、运算器、电源、输入单元、输出单元组成（见图 9-10）。按钮开关和传感器等输入设备与输入单元连接，电磁阀和灯等输出设备与输出单元连接。另外，程序由电脑或专用工具编写并输入PLC。

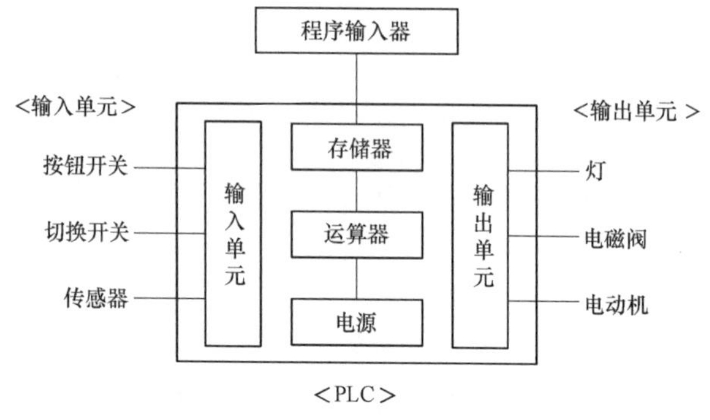

图 9-10　可编程控制器的组成和连接

6　PLC 编程语言

PLC最常用的程序语言是梯形图语言。梯形图是一种形象化的语言，即将输入和输出按照动作的顺序像梯子一样逐级描述。对于不同的PLC制造商，梯形图基本都是一样的，只是在程序中写入机器编号的方式等略有不同。因此，为了消除编程的损失，通常的做法是将使用的PLC制造商限定为一家公司。

梯形图完成后，将其输入PLC进行试运行。在试运行过程中发现的故障称为“bug”，故障的修正作业称为调试。

7　程序编制的步骤

一般程序的编制步骤如下。

1）将动作顺序整理为流程图。

2）给输入设备和输出设备编号。

3）编制梯形图（编制程序）。

4）将程序输入PLC。

5）进行试运行。

6）进行程序的修正（调试）并完成。

8 编程示例

试着考虑一个按下开灯开关灯被打开，按下熄灯开关灯被熄灭的简单电路吧。在不使用PLC的情况下，如图9-11a所示，需要使用继电器进行布线。如果使用PLC，则如图9-11b所示，只需要将开关连接到输入单元，将灯连接到输出单元即可，继电器可以使用PLC内部的辅助继电器，因此不需要布线。

接下来将程序制作成梯形图，这里将开灯开关PB_1编号为X00，熄灯开关PB_2编号为X01，灯编号为Y00，内部继电器编号为M00。

图9-11c所示是梯形图的示例。如果不想按下熄灯开关后马上熄灯，而是想在10s后再熄灯，可以通过使用程序的定时器功能进行设置，无须改变布线。

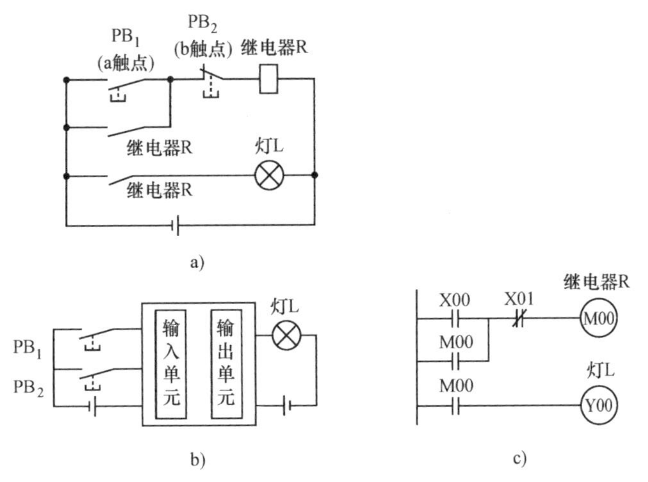

图9-11 编程示例

a）继电器顺序图 b）PLC配线图 c）梯形图

9.3 专题：思考的诀窍

正如在本书前言中所写的那样，创造性是已有知识和信息的组合。那么如何处理得到的知识和信息呢。在这里，思考是必要的。无论是以前当技术人员的时期还是现在，笔者都强烈意识到：

1）要写在纸上思考。

2）如果绞尽脑汁也没想出点子，那就先睡一觉休息一下。

3）过一段时间再思考。

4）在你喜欢的地方思考。

5）桌子上不要放任何多余的东西。

6）请人倾听你的想法。

把想法写在纸上，一边看着一边反复思考。如果思考没有结果，那就先睡觉休息。睡觉并不是浪费时间，而是可以让你的思考和想法慢慢成熟。在喜欢的地方思考也是诀窍，可以是图书馆，也可以是喜欢的咖啡店。此时，桌子上除了需要的东西以外，不要放其他任何东西，只有纸和铅笔。请人倾听自己的想法，不是去要想法，而是可以一边说一边总结自己的想法。

笔者到现在为止读了很多介绍创造性和想法的书，但有一本反复读了好几次的书叫作《思考的整理学》（外山滋比古著），现在它依然被放在书架上触手可及的地方。

第10章

产品质量和标准化

10.1 产品质量

1 从两方面看待机械的好坏

我们可以从“生产良品的能力”和“稳定运行的能力”两个切入点来评判机械的好坏（见图 10-1）。对于生产良品的能力而言，要做到 100%良品是相当困难的，不良品会不可避免地出现。有时每生产 100 个产品就会有 1 个不良品出现，而有时每生产 1 万个产品会有 1 个不良品。生产良品的能力用良品率和标准偏差来表示。

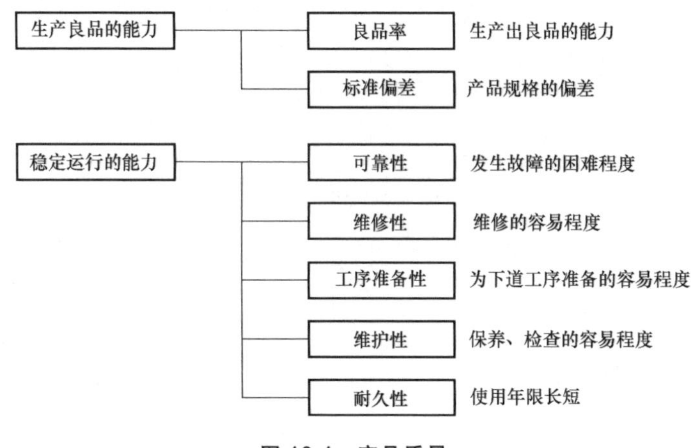

图 10-1 产品质量

稳定运行的能力也至关重要，即使生产良品的能力再高，如果机器因故障而停止运转，或者修理故障需要好几个小时的话，就无法实现稳定生产。机器必须能够在你想要让它运转的时候稳定地持续运转。稳定运行的能力可以用 MTBF 或 MTTR 来表示。另外，在变更生产产品品种时的工序准备性和安全性也是重要的评价维度。

2 把生产良品的能力数值化

在生产产品时，产品的参数不可能完全符合目标值，所以用公差表示允许的偏差范围。例如，长度 150mm±0.2mm 的公差为±0.2mm，下极限值 149.8mm 到上极限值 150.2mm 之间就为良品。良品率是在公差范围内的数量与生产总数的比值。相反，公差范围外的数量用不良率来表示。

另外，假设生产 100 个，如果这 100 个都是良品的话，则良品率为 100%，但是这 100 个良品中的大部分为极限值 149.8mm 和 150.2mm 的情况和 100 个全部是 150.0mm 的情况，虽然同样是 100%的良品率，但偏差却不相同，标准偏差即用来表示偏离的程度。

3 表示偏离程度的标准偏差

偏差可以用“范围”和“标准偏差”来表示。范围是最大值和最小值的差，无论测量值是 10 个还是 100 个，只关注最大值和最小值这两个数值。虽然客观上很容易理解，但这两个数值并不能准确地反映实际情况。

标准偏差则是通过所有测量值来衡量偏差。前文所述公差范围的极限情况和公差范围内的情况可以通过标准偏差明确地量化。标准偏差数值越小则偏差越小，意味着生产良品的能力越强。

4 标准偏差的使用方法

标准偏差的计算公式在这里省略，如果有需要可以使用 Excel 软件轻松算出。

标准偏差方便的一点是，如果测量值服从正态分布，就可以估计出公差范围内的良品率。

例如假设标准偏差为 σ，则在 $\pm 2\sigma$ 范围内的比率为 95.5%，在 $\pm 3\sigma$ 范围内的比率为 99.7%。

以板材切割机为例，测量切割后板材的尺寸，得到标准偏差 σ 为 0.1mm，当公差为 $\pm 2\sigma$ 即 ±0.2mm 时，良品率为 95.5%；公差为 $\pm 3\sigma$ 即 ±0.3mm 时，良品率为 99.7%。顺便说一下，公差为 $\pm 4\sigma$ 即 ±0.4mm 时，良品率会上升到 99.994%，在这种情况下每生产 10 万个产品只有 6 个不合格品。这样就可以用标准偏差客观地表示生产良品的能力。

5　表示可靠性的平均故障间隔时间 MTBF

一台机器可以连续运行多长时间而不发生故障，可以用平均故障间隔时间（Mean Time Before Failure，MTBF）来衡量（见图 10-2）。例如，一台机器的 MTBF 为 300h，即表示它可以平均连续运行 300h。换个角度来看，即每 300h 就会发生一次故障。也就是说，MTBF 的数值越大，机器的可靠性越高。

6　表示维修性的平均维修时间 MTTR

平均维修时间（Mean Time to Repair，MTTR）表示故障停机后的恢复或修复故障的时间（见图 10-2）。例如一台机器的 MTTR 为 20min，表示它的维修可以在平均 20min 内完成。也就是说，MTTR 的数值越小，机器的维修性越好。

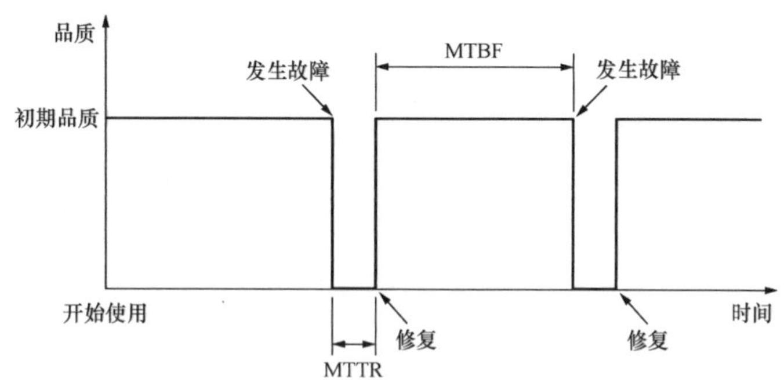

图 10-2　MTBF 和 MTTR

7　MTBF 和 MTTR 的关系

MTBF 是 1000h、MTTR 是 10h 的机器和 MTBF 是 10h、MTTR 是 10min 的机器，哪个对用户更友好呢。从每小时的运转率来看，前者比较好，但在现场，后者会更受欢迎。这是因为，即使机器的可连续运行时间长，一旦停机，如果它的平均维修时间很长，在此期间的生产就会停止。长时间的停产可能会导致无法按期交货。

另一方面，像后者这样几分钟的停机，因为可以在短时间内修复，所以对生产的影响很小。另外，这种停机也可以事先列入生产计划中。因此，后者这种在生产现场不会造成停产的机器是受欢迎的。

8　方便更换生产品种的工序准备性

如果使用专用机器生产多品种产品时，由于每种产品使用的机器不同在成本方面将会是一个很大的负担。因此，应该在用一台机器生产多个品种上下功夫。

如果只是变更程序就能对应以上这种情况是最理想的，但在某些情况下需要更换一部分零件，这些因产品品种变更所需的作业称为“工序准备”。

9　工序外准备和工序内准备

不停机而进行的准备称为工序外准备，停机进行的准备称为工序内准备，为了提高机械的运转率，如何缩短工序内准备时间对机器的设计是一个考验。现场改善中的“单个工序准备”表示工序内准备应在 10min 以内完成。

10　确保安全的故障防护装置

要充分认识到，即使是手掌大小的小电动机和气缸也会产生人力无法抗衡的力量。特别是旋转的情况，即使旋转速度较慢，被卷入也非常危险。就像严禁在钻削和车削加工中戴手套作业一样，在机器的旋转部位设置固定的防护罩，在开闭式的防护罩上安装传感器，防护罩打开后机器会瞬间停止这样的安全防护装置是必不可少的。

当发生停电或误操作等意外故障时，能在安全方面发挥作用的设计称为故障防护装置。比起产品的质量和对机器的损坏，确保人员的安全是最重要的，这是以机器一定会发生故障为前提的。倾倒后可以自动灭火的火炉、因高烧可熔断的熔丝等都是故障防护装置的例子。

11　预防人为错误的设计

以“人无论多小心都会犯错误”为前提的设计理念称为“波卡纠偏”，也称为“傻瓜式设计”。这是一种防止错误操作的设计理念，并被应用于人们熟悉的产品中，例如洗衣机只要不盖上盖子就不会起动，汽车的挡位如果不在停车挡，发动机就不会起动等。

10.2 标准化的目的

1 为何需要标准化

简而言之，标准化就是制订规则并按照规定执行。机械设计中的标准化对象有设计的顺序、零件材料、外购物品和图纸。

为什么需要标准化呢？这是为了以最低的成本，在最短的时间内完成高质量机器的生产。现在的产品随着客户的需求功能越来越丰富，产品寿命也越来缩短。在面对这样的环境开发产品时，标准化的优点可以概括为以下几点。

1）可以不经修改地直接使用别的图纸以缩短设计时间。

2）通过使用性能良好的标准品，可提高可靠性。

3）通过缩小外购品的范围可降低成本。

4）报价和价格谈判的准备工作可以最少化。

5）可以使维修零件的库存最小化。

2 缩短设计时间和提高可靠性

如果使用已经经过实际检验的图纸和购买成品的话，可以大大减少绘制新图和选择的时间。这些节省下来的时间，可以使你把精力集中在本来应该花费精力的技术点上。

另外，因为已经经过实践检验，所以其加工性、装配性、调整性已经得到验证。这可以将出现新问题的风险降到最低，从而提高可靠性。

3 降低成本和准备工作最小化

通过标准化，可以减少需要准备的材料和外购品的种类，而且也不需要每次进行报价和价格谈判。另外，如果同一物品的购买数量较大的话，也可以进行降低成本的议价。另外，接受检查也变得容易，即使在剩余材料的保管中，由于品种变少，管理也变得轻松。

4　维修零件的库存最小化

如果能将磨损零件和轴承等维修零件标准化，那么就可以减少现场的零件种类和数量。另外，由于种类减少，维修人员不需要单独掌握零件特性，也可以缩短维修作业时间。

5　为了展现个性而标准化

有人说，标准化使得设计人员的思考变少了，但实际上恰恰相反。标准化缩短了设计时间，可以使设计人员专注于需要思考的新点，从而发挥他们的个性。如果没有标准化，每次都从头开始画图，重新选外购品，则设计时间会大大增加，导致没有时间发挥个性。

6　更换标准品是必要的

外购物品供应商每年都会推出新款的产品，也有降低成本的建议。针对这些，有必要每隔几年对标准产品进行重新审查。

为此，在标准产品选定过程中的质量、成本、交货文件应作为记录好好保存下来。这样根据以前的资料，就能有效地进行现阶段的重新审查。

10.3 标准化示例介绍

1 标准化的对象是什么

标准化没有正确答案。应自行研究自身有效的标准化。在此将介绍材料、表面处理、外购品、设计的标准化示例（见图 10-3）。

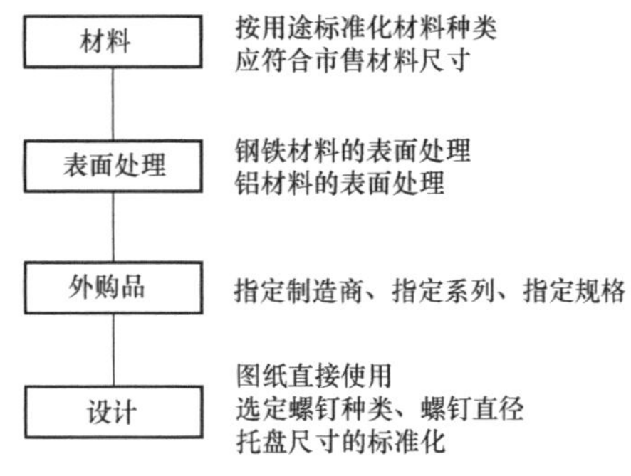

图 10-3 标准化的对象

2 材料选择的着眼点

首先来看材料的标准化。材料选择的第一个标准是“轻”。如果要求轻质，可以采用铝材，在相同体积的情况下，它的重量是钢铁材料的三分之一，非常适合可动部件的轻量化。

选择轻质材料的优点是作为驱动源的电动机和气缸也可以小型化，价格更便宜，支撑结构也变得简单。此外，轻质的可动部件可以快速移动，所以生产能力也会提高。关于铝在强度方面的弱点，可以通过第 6 章介绍的优化截面形状的方法弥补。

另一方面，如果不要求轻质，那么可以选择比铝材更便宜的钢铁材料。

3　钢铁材料的标准化

首先从碳钢中进行选择，仅在碳钢不能满足要求的情况下才选用合金钢。作为通用材料的碳钢的选择顺序为：

1）当材料表面加工较少或需要进行焊接时，选择 SS400。

2）材料表面加工较多或需要进行淬火、回火时选择 S45C。

3）选择 SS400 的退火材料或 S45C，可以防止加工中出现翘曲。

4）薄板选择 SPCC，对耐磨性有要求时使用淬火和回火后的 SK95。

5）如果对耐蚀性有要求，则选择 SUS304 或加工性更好的 SUS303。

4　铝材料的标准化

通用材料选择 A5052 或 A6062，要求强度时选择 A7075。薄板使用 A1100P，牌号末尾的 P 是 Plate（板）的意思。

但是因为铝板很容易被划伤，所以不要求轻质时，薄板适合选择 SPCC 碳钢。

5　外形符合市售尺寸

从减少加工的角度来考虑，如果零件的厚度和宽度按照材料的市售尺寸进行设计，则只需要加工长度方向的两个端面即可。相对于加工所有六个面，效率优势是很明显的。

钢铁材料根据生产商的不同，尺寸也略有不同，所以需要从材料生产商处要来扁钢、圆钢等不同形状材料的尺寸表，并在设计时考虑这些尺寸。注意，此时获得的应是表面干净光滑的材料的尺寸信息，而不是被黑锈覆盖的黑皮材料的尺寸信息。

SS400、S45C 抛光扁钢尺寸如图 10-4 所示。

厚＼宽	9	12	16	19	22	25	32	38	50	75	100	125	150
3	●	●	●	●	●	●	●	●	●				
4.5	●	●	●	●	●	●	●	●	●				
6	●	●	●	●	●	●	●	●	●	●	●		
9		●	●	●	●	●	●	●	●	●	●	●	●
12			●	●	●	●	●	●	●	●	●	●	●
16				●	●	●	●	●	●	●	●	●	●
19					●	●	●	●	●	●	●	●	●
22						●	●	●	●	●	●	●	●
25							●	●	●	●	●	●	●

图 10-4　SS400、S45C 抛光扁钢尺寸示例（单位：mm）

6　表面处理的标准化

钢铁材料的表面处理，是根据图纸的尺寸精度要求来选用的。精度高的产品，适合选用膜厚较薄的发黑处理和能设定膜厚的无电解镀镍。但是，发黑根据使用环境的不同，防锈效果较差，这一点需要注意。

在不需要高精度的普通公差水平下，铬酸盐处理是廉价和常用的。当需要耐磨时可使用硬质镀铬，需要滑动性和剥离性时使用复合镀层。

另外，通常不需要对铝材料进行表面处理。但如果想提高铝材料的耐蚀性，可以考虑进行阳极氧化处理；想要防止划伤，可以进行硬质阳极氧化处理；如果想要获得滑动性和剥离性的话，可以考虑铝和聚四氟乙烯的复合处理。

除此之外，具有各种功能的表面处理方法可以从不同的制造商处获得，所以从制造商那里获得样品，并对你感兴趣的进行初步评估也是一种好方法。

7　外购品的标准化

缩小外购品的范围也很有用。缩小范围可以通过指定制造商、指定系列、指定规格三个步骤来考虑。首先是指定制造商。实际情况中，根据设计者的喜好，气缸、电动机、传感器在各制造商中都有类似的规格。这样就造成了品种多、数量少的情况，采购部门和制造商的价格谈判也会变得困难。因此，首先要缩小制造商的范围，A 公司提供气缸，B 公司提供电动机，C 公司提供传感器，这是生产商级别的标准化。

下一步为指定系列。同一生产商会推出各种各样的系列，这是决定从中使用哪个系列的标准化水平。理想的标准化是规格指定。这样，设计者就完全不需要进行选定工作了。

例如，在与气缸相关的产品中，气缸要指定制造商，电磁阀和电动机要指定系列，空气过滤器和消声器则由规格指定来标准化。

8　从两家制造商采购的好处

购买外购品时，选择从两家制造商可以买到的产品是一条铁律。所谓两家制造商购买，是指可以从两家或两家以上的制造商购买相同规格的产品。其目标是降低成本和稳定供应。两家或两家以上的制造商可以就同一产品，进行报价，我们可以以更便宜的价格购买，并且可以对交货期提出相应的要求。也就是说，买方拥有主动权。

另一方面，当只能从一家制造商购买时，制造商也知道这一点，所以价格和交货期都是卖方拥有决定权。

另外，如果能从两家或两家以上制造商购买，当由于某些原因很难买到或不能按期交货时，也可以从其他制造商购买，从而确保供应的稳定性。

实际上，供货方不仅仅由价格和交货期决定，还要综合判断各自的服务质量和售后服务体系等，充分利用两家制造商的优势是最有效的。

9　单元的标准化

将加工零件和外购品组合起来能实现单一功能的集合称为单

元和模块。以抓取物体的卡盘为例。这样的单元只需要设计一个，当处理的对象物的大小和重量等在一定条件内时就可以使用相同的单元。如果超过条件范围，则只需要将卡爪进行更换，卡爪之外的部分可以标准化。

此外，框架也是一个易于标准化的单元。框架的基本规格是长度×深度×高度。不需要每次都设计不同的尺寸，而是在长度和深度上准备几种不同的尺寸，高度统一为一个即可。框架罩和框架下部带脚轮的螺栓可以指定规格，这些也是容易标准化的一个例子。

10　螺钉种类的标准化

选择螺钉时要做出三个决定：种类、直径和长度。其中，因为长度是由对象物的材质和厚度来决定，所以很难标准化，但是种类和直径的标准化是有效的。

例如，对于不受力的小物品可以使用盘头螺钉；固定外罩时使用美观和头部较低的扁圆头螺钉；通常的加工零件可使用紧固力较强的内六角圆柱头螺栓；无工具时可以使用树脂头滚花螺钉。

11　螺钉直径的标准化

减少螺钉直径的种类也是很有效的。例如，在一个零件上使用 M3、M4、M5、M6、M8 这 5 种螺钉时，由于可以大兼小，所以可以不使用 M3 和 M5，而只使用 M4、M6 和 M8，这样就可以只加工 3 种螺纹孔了。螺纹孔的加工需要钻孔和攻螺纹两种加工，因此通过减少种类可以大大提高加工效率。

另外，关于螺钉的使用数量，不管固定零件的大小，惯例上都是使用 4 个，但也有很多情况下使用 2 个即可。如果使用数量减半的话，钻孔加工、攻螺纹加工、螺钉紧固工时，以及螺钉数量都会减半。除了作为基准的零件和承受较大的力和冲击的地方以外，可以考虑使用 2 个螺钉固定。

12　锪沉孔的参考尺寸

为了沉入内六角螺栓的头部，需要进行锪沉孔加工。锪沉孔的直径和深度，还有钻孔直径，如图 10-5 所示，按螺栓直径进行确定比较方便。

(单位：mm)

螺栓直径	M3	M4	M5	M6	M8	M10
底孔直径	4	5	6	7	10	12
沉孔直径	6.5	8	9.5	11	15	18
沉孔深度	3.5	4.5	5.5	6.5	8.5	11

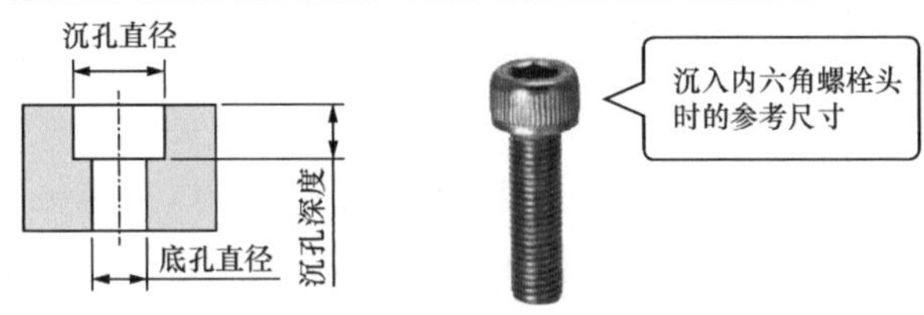

图 10-5　锪沉孔的参考尺寸

13　托盘尺寸的标准化

托盘尺寸的标准化也很有效。本来，根据输送产品和零件的尺寸和形状，按照其中数量较多的进行配置是很有效的，但是如果按照这个想法决定托盘尺寸的话，每个产品和零件每次都会对应不同的托盘尺寸。托盘一般都是多个一起使用的。这样一来，就需要一个收纳这些托盘的货架，如果每个托盘都是自动搬运的话，每次都需要进行和托盘宽度相匹配的货架设计和输送机设计。

因此，首先应将托盘的尺寸标准化，根据该尺寸决定输送物的排列方式和数量，这样货架和输送机都可以标准化。但是，一种托盘尺寸很难完全对应，所以要将数种尺寸标准化。设定尺寸时，可以使用以下优先数。

14 什么是优先数

JIS 标准规定了在工业标准化、设计等中确定数值时，作为选定基准使用的优先数（见图 10-6）。可将此应用于上文托盘的尺寸设计中。

种类	优先数										等比数列的公比
R5	1.00		1.60		2.50		4.00		6.30		$\sqrt[5]{10}\approx1.60$
R10	1.00	1.25	1.60	2.00	2.50	3.15	4.00	5.00	6.30	8.00	$\sqrt[10]{10}\approx1.25$

注：R20、R40略。

图 10-6 优先数

优先数为使用 $\sqrt[5]{10}$ 和 $\sqrt[10]{10}$ 等为公比的数系。因为 $\sqrt[5]{10}\approx1.60$，所以每乘以 1.6 倍，得到 1、1.60、2.50、4.00、6.30，这表示为 R5 系列。另外，因为 $\sqrt[10]{10}\approx1.25$，所以每乘以 1.25 倍，得到 1.00、1.25、1.60、2.00、2.50、3.15、4.00、5.00、6.30、8.00，这表示为 R10 系列。

利用该优先数，例如可以将托盘尺寸标准化为 100mm×160mm、160mm×250mm、250mm×400mm，或者 100mm×125mm、160mm×200mm 等。

15 标准化是一个自上而下的过程

到此为止笔者已经用示例对标准化进行了介绍，请务必从能做到的地方开始推进标准作业。

然而，在实际推进标准化的过程中，还面临着巨大的挑战，那就是“普遍赞成、个别反对”。设计者有他们喜欢的制造商，例如，他们可能偏爱 A 公司的气缸，B 公司的电动机。当推进标准化时，也会出现使用至今为止他们没有使用过的制造商的情况。即使知道标准化的好处，他们也会产生很大的心理排斥。这种心情是可以理解的，但是这样的话就很难进行标准化了。

因此，即使标准化产品的选择由实际工作人员进行，但最终的判断决定必须由部门负责人自上而下进行。用一个略显严厉的词来说，如果不将标准化变成“工作指令”，标准化就不会顺利进行。如果自上而下很难做到的话，不要放弃，哪怕只有身边的成员行动也可以，请继续推进。自己一个人的标准化也可以，然后随着经验的积累和职级的提升，可以扩大这个标准化的适用范围。

10.4 为了今后的进步

1 为了加深知识

设计技能的提高是知识和实践的积累（见图 10-7），这也是提升机械设计的唯一有效途径。

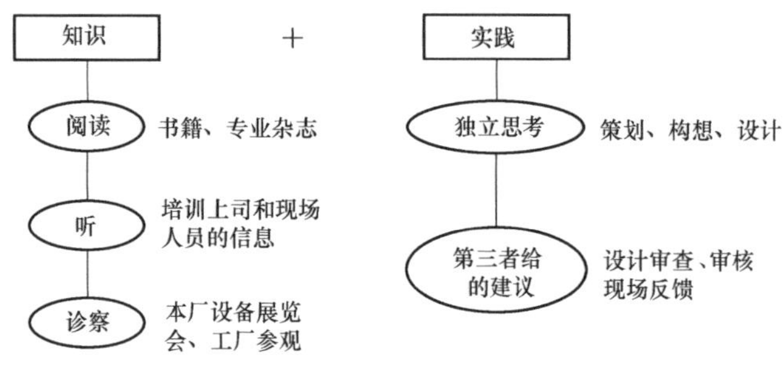

图 10-7 知识和实践

想要提升你的知识，可以从阅读、听、诊察三个方面入手。阅读相关书籍和专业杂志，接受培训。听取上司和现场人员的信息，然后诊查前辈开发的机器，在展览会和工厂参观学习中，诊查同行业和不同行业的机器。重要的是不是简单地看，而是要像诊查一样地看。

展会推荐在主要城市举办的机械部件和材料技术展。这样的展览会，即使没有特别的亮点，每年也都要去。在展会上不仅是看展品，而且还能感受到行业的趋势，这是一个很有趣的地方。因此，不明白的事情请不要客气，要不断地提问。

2 利用制造商组织的研讨会

作为驱动源的气缸和电动机，如果可以通过实机学习的话会很有效，由制造商组织的研讨会是最合适的选择。因为研讨会使用了实机作为使用示范，所以可以加深理解。该活动可以从制造商的主页申请，所以请积极利用。

3　需要知道的基础知识和专业知识

制造所需的基础知识有识图知识、材料知识和机械加工知识3种；专业知识有用于思考的机械设计知识和作图的制图知识。本书介绍了其中的机械设计知识。

如果你有缺乏的知识，请一定要努力学习，以下图书可供学习参考。

1）识图：《机械识图轻松学》。

2）材料：《加工材料知识全知道》。

3）加工：《机械加工知识全知道》。

4）制图：《机械制图轻松学》。

以上图书均由日本能率协会管理中心出版。

4　为了加深实践

机械设计经验的积累是最重要的。在实践过程中，特别是来自第三者的建议是提升自己技能的好机会。在设计作业过程中，前辈和主管的建议、设计审查中其他部门的建议、图纸完成后熟练检图人员的指正是最好的教材。

另外，还可以向加工人员询问自己绘制的图纸有没有加工、组装和调整的困难，以及机器的使用性是否有问题。可以将这些建议和信息运用到下一个设计中。

5　创建自己的经验技术集

在设计的过程中，你会收到各种各样的信息。这些宝贵的信息请记录下来，而不是被记住。建议在一张A4纸上记下每个项目，不进行分类，而是把它们放在一起。注意不要使用电子数据，而要使用纸质文件，设计的时候把它们放在旁边。

与这个原创文件一起常备的还有《基于JIS的机械设计制图手

册》（大西清著，理工学社）。这本书自1955年初版以来反复修订，是一本设计领域的长期畅销书。各种材料和机械要素零件的详细数据可以从该书中找到参考。虽然是用工学术语编写的，但只要通过本书掌握了基础知识看起来就不难了。请把它当作一本字典来使用。

6 一边在纸上画一边思考

在思考阶段，建议一边在纸上画一边思考。与其大脑一片空白去进行CAD制图，不如在思考阶段在桌子的纸上一边画一边巩固想法。然后，一旦想法固定了，就可以用CAD软件一口气把图作出。

也就是说，思考的过程是“模拟”的，作图的过程是“数字”的。这不仅仅是针对机械设计的情况，小说家、音乐家、汽车设计师等都能很好地运用模拟和数字，而并不是所有的事情都用数字方式进行。

7 重视直觉

随着经验的积累和技能的提升，从计划图就能看出问题。看出问题的角度来自“平衡”。乍一看感觉不平衡的图纸，一定有问题。这种平衡很难用文字说明，但随着经验的积累，你可以从计划图中想象出动作，通过直觉看出其中有问题的地方。这种直觉是经验积累后的感觉，所以和单纯的“感觉”不同，是值得信赖的。直觉对技术人员来说是一项非常重要的技能。

8 保持设计的进度

除了“如何优化设计”这一纯粹的技术问题，机械设计的另一个障碍是“如何保持进度”的管理问题。与按照预定的顺序进行的工作不同，设计是一项从无到有的工作，所以很难预测时间。如果缺乏经验，则更是如此，所以要经常向你的主管报告进度。进度管理的关键是得到主管和前辈的支持。建议你每天口头汇报几分钟就可以了。

9　享受机械设计

仔细想想，设计价值数百万、数千万日元的机器，并不是在私人生活中能做到的事情。当你投入大量心血的机器在生产现场被使用了几年甚至几十年时，会让你具有非常深刻的设计感。正因为如此，压力也不小，但希望你能享受你的工作，能感受到工作带来的快乐。

10.5 结语

虽然我现在是以生产技术顾问的头衔在从事现场改善的工作，但我之前是在一家电子元件制造厂工作了 21 年，负责自动装配机和测量机等机器的开发与设计。尽管如此，在我执笔的第 6 本书中才终于着手机械设计方向，我认为这正是我会把自己喜欢的食物留到最后的性格使然。

当我刚踏入社会开始工作时，那时候的机器都是凸轮式的。我对通过一根旋转的凸轮轴可以产生各种各样的动作而感到不可思议和非常有趣，这让我至今难以忘记。第一次设计的图纸完成时我很兴奋，但在现场也很苦恼，因为加工很困难，装配和调整也很困难。当好不容易完成后，却因生产现场经常出现停机故障而被指责，年轻的时候总是被指责。但是，对于后来的技术人员，这些经历对我发挥了很重要的作用。

希望今后致力于机械设计的各位不要害怕失败，要充分发挥自己的个性，体会机械设计的乐趣。祝愿你们作为技术人员一切顺利，希望你们能精神饱满地工作。

最后，与继续担任前书《机械加工知识全知道》编辑的渡边敏郎先生合作也是一项非常愉快的工作，在此表示衷心的感谢。

2019 年春

西村仁